高等职业教育创新型人才培养系列教材

AutoCAD 基础教程及应用实例

高军伟　张湘媛　主编

北京航空航天大学出版社

内容简介

AutoCAD 软件作为知名的计算机辅助设计与制造软件,拥有众多用户,并应用于机械、航空航天等众多领域,在 CAD/CAM 软件中占有重要的地位,是技术最成熟的软件之一。作为装备制造业从业者,掌握该软件的应用是必备的技能之一。本书按照项目导向、任务驱动的模式编写,采用了大量的项目案例,详细地讲解了 AutoCAD 软件的使用方法和技巧,主要内容包括 AutoCAD 入门基础知识、平面图形的绘制、三视图的绘制、零件图的绘制,以及装配图的绘制方法。

本书内容充实、简明易懂,使用性和可操作性强,不仅可以作为各高校机械类相关专业的教材,也可作为广大工程技术人员自学与参考用书。

图书在版编目(CIP)数据

AutoCAD 基础教程及应用实例 / 高军伟,张湘媛主编
. --北京:北京航空航天大学出版社,2024.8
ISBN 978 - 7 - 5124 - 4394 - 5

Ⅰ.①A… Ⅱ.①高… ②张… Ⅲ.①AutoCAD 软件—高等职业教育—教材 Ⅳ.①TP391.72

中国国家版本馆 CIP 数据核字(2024)第 087682 号

版权所有,侵权必究。

AutoCAD 基础教程及应用实例

高军伟 张湘媛 主编

策划编辑 董 瑞 责任编辑 龚 雪

*

北京航空航天大学出版社出版发行

北京市海淀区学院路 37 号(邮编 100191) http://www.buaapress.com.cn
发行部电话:(010)82317024 传真:(010)82328026
读者信箱: goodtextbook@126.com 邮购电话:(010)82316936
北京富资园科技发展有限公司印装 各地书店经销

*

开本:787mm×1 092mm 1/16 印张:15.5 字数:397 千字
2024 年 8 月第 1 版 2025 年 2 月第 2 次印刷 印数:1 001—2 000 册
ISBN 978 - 7 - 5124 - 4394 - 5 定价:49.00 元

若本书有倒页、脱页、缺页等印装质量问题,请与本社发行部联系调换。联系电话:(010)82317024

前　言

随着计算机技术的迅猛发展,计算机辅助设计(CAD)绘图已成为现代工业设计的重要组成部分。AutoCAD作为计算机辅助设计绘图软件以其方便快捷、功能强大而得到广大用户的认可,其普及速度有目共睹。

根据软件学习的特点,本书采用项目式编写方式,每个项目均包含项目说明、知识目标、能力目标,使学生先了解任务,再对任务中用到的命令进行讲解,对所涉及的知识点拓展训练,并且配有大量课后练习,帮助学生理解知识点,提升技能,从而实现高职高专机械制造类高素质与高技能并存的人才培养目标。

本书以AutoCAD简体中文版为基础,以实例为线索,由浅入深,循序渐进,合理安排内容。中文版AutoCAD是适应当今科学技术快速发展和用户需要而开发的CAD软件包。该版本在运行速度、图形处理以及网络功能等方面都达到了崭新的水平,体现了灵活、快捷、高效等特点。

为了适应科学技术发展的需要,目前绝大多数工科院校相继开设了AutoCAD课程,并要求学生将该技术应用于课程设计、毕业设计等教学环节。为了满足AutoCAD课程教学以及社会发展的需要,结合近几年的教学实践编写了本书。

本书选用AutoCAD中文版作为软件平台,系统地介绍了绘图工作界面启动、绘图环境设置方法、二维绘图和编辑技巧、尺寸标注、图块操作、应用实例、图形输出和数据交换等,并在附录中提供了AutoCAD的全部命令和系统变量的详细注释。每个项目都有知识目标和能力目标,正文中有注意事项提示,项目后有技能训练。

由于AutoCAD与其他的绘图软件在绘制方式上略有区别,为了叙述更加简洁和清晰,本书中用"↙"表示回车键;当执行菜单和工具栏中的命令时,各命令名称之间用"→"分隔,以表示菜单或工具栏的级联关系。

本教材结构严谨、内容丰富、条理清晰、易学易用,注重实用和技巧性,是一本很好的入门学习教程。本教材可供高职学生和广大初中级用户及设计人员使用,也适合作为各职业院校培训机构、大中院校相关专业 CAD 课程的参考书,能满足工科院校各专业 40～60 学时"计算机辅助设计"课程的教学要求。

参加本书编写的人员有:黑龙江农业工程职业学院的高军伟(项目1)、张湘媛(项目2、项目9)、韩超(项目3)、闫玉蕾(项目4)、刘佳坤(项目5)、宋奇慧(项目6)、韩旭(项目7)、杨柳(项目8)、闻红(附录1)、李彪(附录2)。全书由高军伟、张湘媛任主编,韩超、闫玉蕾、刘佳坤、宋奇慧、韩旭、杨柳、闻红、李彪任副主编,王新年任主审。

由于笔者水平有限,不足之处在所难免,恳请广大读者批评指正。

编　者

2024 年 7 月 26 日

目 录

基 础 篇

项目一 绘图基础 …………………………………………………………………… 1

任务1 AutoCAD 2012 主要功能简介 ………………………………………… 1
 1.1.1 "菜单栏"对话框的变化 ……………………………………………… 1
 1.1.2 功能区选项板的变化 ………………………………………………… 2
 1.1.3 状态栏上的变化 ……………………………………………………… 2
 1.1.4 "草图设置"对话框的变化 …………………………………………… 2
 1.1.5 UCS 坐标的变化 ……………………………………………………… 3
 1.1.6 多功能夹点命令的变化 ……………………………………………… 3
 1.1.7 修改工具栏的变化 …………………………………………………… 3

任务2 AutoCAD 2012 系统的绘图工作界面 ………………………………… 4
 1.2.1 工作空间 ……………………………………………………………… 4
 1.2.2 标题栏 ………………………………………………………………… 6
 1.2.3 菜单栏 ………………………………………………………………… 6
 1.2.4 工具栏 ………………………………………………………………… 7
 1.2.5 绘图区 ………………………………………………………………… 7
 1.2.6 命令输入窗口 ………………………………………………………… 7
 1.2.7 状态栏 ………………………………………………………………… 8
 1.2.8 文本窗口 ……………………………………………………………… 8
 1.2.9 工具选项板 …………………………………………………………… 8

任务3 AutoCAD 2012 绘图环境设置 ………………………………………… 9
 1.3.1 新建图形文件 ………………………………………………………… 9
 1.3.2 配置自己的绘图环境 ………………………………………………… 9
 1.3.3 设置绘图界限 ………………………………………………………… 17
 1.3.4 设置图形单位 ………………………………………………………… 18
 1.3.5 使用更名对话框 ……………………………………………………… 18

任务4 图层、颜色和线型设置 ………………………………………………… 19
 1.4.1 图层的创建和使用 …………………………………………………… 19
 1.4.2 使用图层颜色 ………………………………………………………… 22
 1.4.3 使用图层线型 ………………………………………………………… 24

  1.4.4　图层状态控制 ··· 27
 任务 5　坐标系与坐标输入方法 ·· 28
  1.5.1　坐标系 ··· 28
  1.5.2　坐标输入方法 ·· 29
 任务 6　辅助工具 ··· 29
  1.6.1　捕捉与追踪 ·· 29
  1.6.2　正交方式 ·· 36
  1.6.3　视图设置 ·· 36
  1.6.4　图形信息查询 ·· 42
项目小结 ··· 45
习　题 ··· 45

进　阶　篇

项目二　挂架平面图形绘制 ·· 46
 任务 1　绘制点 ·· 46
  2.1.1　点 ··· 46
  2.1.2　用 MEASURE 命令绘制定距等分点 ·· 48
  2.1.3　用 DIVIDE 命令绘制定数等分点 ·· 49
 任务 2　绘制线 ·· 49
  2.2.1　直　线 ·· 49
  2.2.2　多段线 ··· 50
  2.2.3　构造线 ··· 51
  2.2.4　射　线 ·· 52
  2.2.5　多　线 ·· 52
  2.2.6　绘制或修订云线 ··· 55
  2.2.7　绘制徒手线 ·· 55
 任务 3　绘制圆 ·· 56
 任务 4　绘制圆弧 ··· 58
 任务 5　绘制椭圆和椭圆弧 ·· 60
 任务 6　绘制填充图形 ··· 62
 任务 7　绘制多边形 ··· 62
  2.7.1　矩　形 ·· 62
  2.7.2　正多边形 ·· 63
 任务 8　样条曲线和面域 ··· 64
  2.8.1　样条曲线拟合 ·· 64
  2.8.2　样条曲线控制点 ··· 65

		2.8.3 面域	65
	任务 9	图案填充	67
	任务 10	文本注释	69
	任务 11	挂架平面图形绘制	72
	技能训练		73

项目三 六角螺母工程图的绘制 … 81

任务 1	选择对象	82
3.1.1	逐个点取	83
3.1.2	矩形窗口选择	83
3.1.3	不规则窗口选择	83
3.1.4	栅栏选择	84
3.1.5	编组选择	84
3.1.6	全 选	84
3.1.7	其他的选择方法	84
3.1.8	选择的设置	85
任务 2	删除、恢复、放弃、重做	86
3.2.1	删 除	86
3.2.2	恢 复	86
3.2.3	放 弃	86
3.2.4	重 做	86
任务 3	复制、镜像、偏移、阵列	87
3.3.1	复 制	87
3.3.2	镜 像	87
3.3.3	偏 移	88
3.3.4	阵 列	88
任务 4	移动、旋转与变形	91
3.4.1	移 动	91
3.4.2	旋 转	92
3.4.3	缩 放	92
3.4.4	拉 伸	93
3.4.5	拉 长	93
3.4.6	分 解	94
3.4.7	打 断	95
任务 5	修剪、延伸、倒角、圆角	95
3.5.1	修 剪	95
3.5.2	延 伸	96

	3.5.3 倒直角	97
	3.5.4 倒圆角	98
任务6	夹点编辑	99
	3.6.1 夹点设置	99
	3.6.2 夹点编辑	100
任务7	特性编辑器	101
任务8	螺母工程图的绘图步骤	102
技能训练		103
习 题		108

项目四 阀杆工程图的绘制 ... 109

任务1	尺寸标注基础	110
	4.1.1 尺寸标注菜单及其工具栏	110
	4.1.2 尺寸标注类型	110
	4.1.3 尺寸标注的组成	110
任务2	尺寸标注样式设定	111
	4.2.1 标注样式管理器	112
	4.2.2 标注样式选项	114
任务3	尺寸标注方法	123
	4.3.1 线性标注	123
	4.3.2 对齐标注	125
	4.3.3 坐标标注	125
	4.3.4 半径标注	126
	4.3.5 直径标注	126
	4.3.6 角度标注	127
	4.3.7 快速标注	128
	4.3.8 基线标注	129
	4.3.9 连续标注	130
	4.3.10 引线标注	130
	4.3.11 圆心标记	133
	4.3.12 多重引线	133
任务4	公差标注	135
	4.4.1 尺寸公差	135
	4.4.2 形位公差	135
任务5	尺寸标注的编辑	136
	4.5.1 编辑标注	136

  4.5.2 编辑标注文字 ··· 137
  4.5.3 标注更新 ··· 138
 任务6 阀杆工程图的绘图步骤 ··· 138
 技能训练 ··· 140
 习　题 ··· 142

实 战 篇

项目五　支座三视图绘制 ··· 143

 任务1　调用对象捕捉工具栏 ··· 144
 任务2　图框和标题栏的建立 ··· 144
 任务3　设置绘图环境 ··· 145
 任务4　绘制圆筒和圆台 ··· 145
 任务5　绘制底板 ··· 146
 任务6　绘制凸台 ··· 146
 任务7　绘制耳板 ··· 149
 任务8　绘制肋板 ··· 150
 任务9　绘制图框和标题栏 ··· 151
  5.9.1 标注基本线性尺寸 ··· 151
  5.9.2 标注径向尺寸 ··· 151
  5.9.3 标注径向线性尺寸 ··· 151
 技能训练 ··· 153

项目六　齿轮油泵主动轴零件图绘制 ··· 157

 任务1　选择样本 ··· 158
 任务2　设置绘图环境 ··· 158
 任务3　绘制图形 ··· 159
 任务4　尺寸标注 ··· 162
 任务5　技术要求的标注 ··· 163
  6.5.1 表面粗糙度图块设定 ··· 163
  6.5.2 文本编辑 ··· 167
 任务6　标注步骤 ··· 168
 技能训练 ··· 171

项目七　泵盖零件图绘制 ··· 174

 任务1　设置绘图环境 ··· 175
 任务2　绘制左视图基准 ··· 175

任务 3　绘制左视图 ··· 176
  任务 4　绘制主视图 ··· 176
  任务 5　绘制俯视图 ··· 176
  任务 6　绘制局部视图和局部放大图 ··· 176
  任务 7　标注基本线性尺寸 ··· 178
  任务 8　标注基本径向尺寸 ··· 178
  任务 9　标注形位公差 ··· 178
  任务 10　技术要求标注步骤 ··· 180
  技能训练 ·· 182

项目八　泵体零件图的绘制 ··· 187
  任务 1　设置泵体零件图图层 ·· 188
  任务 2　绘制基准 ·· 188
  任务 3　绘制视图 ·· 189
  任务 4　尺寸标注 ·· 189
  任务 5　技术要求的标注步骤 ·· 189
  技能训练 ·· 192

项目九　齿轮油泵装配图的绘制 ·· 194
  任务 1　设置装配图的绘图环境 ·· 195
  任务 2　图框和标题栏的绘制 ·· 195
  任务 3　绘制装配图方法 ·· 196
  任务 4　绘制主视图 ··· 197
  任务 5　绘制左视图 ··· 201
  任务 6　绘制俯视图 ··· 203
  任务 7　对装配图进行零件编号 ·· 204
  任务 8　标注装配图的尺寸 ··· 205
  任务 9　填写明细栏、标题栏和技术要求 ·· 206
  技能训练 ·· 206

附　录 ·· 211
  附录 1　AutoCAD 2012 命令与命令别名 ·· 211
  附录 2　系统变量 ·· 222

参考文献 ··· 237

基 础 篇

项目一 绘图基础

【项目说明】

本项目翔实地介绍了 AutoCAD 的功能及一些基本知识,以实用为出发点,系统、全面地介绍了 AutoCAD 软件在二维图形绘制方面的应用技巧。如 AutoCAD 的启动、绘图环境设置、图层设置、坐标系设置、辅助绘图等,通过本项目的学习,可以为绘图和编辑图形打下良好的基础,以达到后续学习融会贯通、灵活运用的目的。

【知识目标】

◆ 掌握 AutoCAD 2012 新增功能和熟悉绘图工作界面;
◆ 掌握绘图环境设置及图层、颜色和线型的设置方法;
◆ 掌握坐标系与坐标输入方法及辅助工具的使用。

【能力目标】

◆ 具备设置绘图环境的能力;
◆ 具备设置绘图图层、颜色和线型的能力;
◆ 能正确设置绘图辅助工具并进行绘图。

任务 1 AutoCAD 2012 主要功能简介

AutoCAD 2012 的界面与以前的版本相比发生了许多变化,新的界面更加人性化,下面来简单介绍一下。

1.1.1 "菜单栏"对话框的变化

打开 AutoCAD 2012,首先看到的是在快速访问工具栏上多了"工作空间"选项,如图 1.1 所示。

图 1.1 "工作空间"选项

1.1.2 功能区选项板的变化

打开功能区选项板就会发现,功能区选项板比以前的版本更加优化与规范,并且在选项板上新增加了"插件"和"联机"选项,如图 1.2 所示。

图 1.2　功能区选项板的变化

1.1.3 状态栏上的变化

在状态栏上新增加了"推断约束""三维对象捕捉""显示/隐藏透明度""选择循环"四个选项,如图 1.3 所示。

图 1.3　状态栏上的变化

1.1.4 "草图设置"对话框的变化

当进行对象捕捉设置时就会发现,"草图设置"对话框也出现了变化,AutoCAD 2012 的"草图设置"对话框相对以前的版本多出了"三维对象捕捉"和"选择循环"选项,如图 1.4 所示。

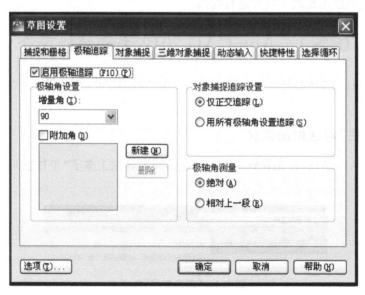

图 1.4　"草图设置"对话框的变化

1.1.5 UCS 坐标的变化

① 在以前的 AutoCAD 版本中 UCS 坐标是不能被选取的,在 AutoCAD 2012 中 UCS 坐标系是能被选取的,如图 1.5 所示。

② 将光标移动到坐标系的三个点的位置,会出现多功能夹点,如图 1.6 所示。

注意:选择坐标系时只能使用鼠标左键点击坐标系,不能用"框选"的方式选择,用框选的方式选择坐标系是无效的。

③ 通过 viewcube 更改、控制 UCS,如图 1.7 所示。

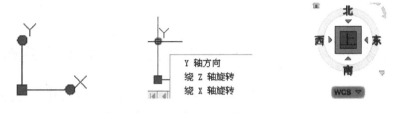

图 1.5 UCS 坐标的选取　　图 1.6 多功能夹点　　图 1.7 viewcube 功能

更多关于 UCS 坐标的功能就不一一展示了,有兴趣的话,可使用 AutoCAD 2012 进行体验。

1.1.6 多功能夹点命令的变化

AutoCAD 2012 多功能夹点命令可支持直接操作,能够加速并简化编辑工作,相对以前的版本有很多优化和改进的地方,经扩充后,功能强大、效率出众的多功能夹点得以广泛应用于直线、弧线、椭圆弧、尺寸和多重引线,另外还可以用于多段线和影线物件上。在一个夹点上悬停即可查看相关命令和选项,如图 1.8～图 1.10 所示。

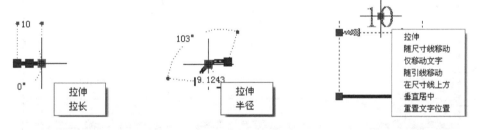

图 1.8 "直线多功能夹点"命令　　图 1.9 "圆弧多功能夹点"命令　　图 1.10 "尺寸多功能夹点"命令

更多夹点选项,可使用 AutoCAD 2012 进行试用体验,这里就不一一展示了。

1.1.7 修改工具栏的变化

① 增加了原来 ET 中才有的"重复线删除"功能,很实用,如图 1.11 所示。

② 阵列功能增加了沿"路径阵列",如图 1.12 所示。

图 1.11 "重复线删除"命令　　　　图 1.12 "路径阵列"命令

此外还在查询功能中增加了"角度查询"功能,右键功能中增加了"编组"功能,将原来的剪切、复制、带基点复制放入了剪贴板中,新增了"隔离"功能以及"超级填充"等功能,这里就不一一展示了。

任务 2　AutoCAD 2012 系统的绘图工作界面

启动 AutoCAD 2012 后,进入其工作界面(见图 1.13),AutoCAD 2012 中文版为用户提供了 5 种工作空间模式,分别是草图与注释、三维基础、三维建模、AutoCAD 经典、初始工作空间,并可根据需要初始化设置任何一个工作空间。每个工作空间都由标题栏、菜单栏、工具栏、绘图区、命令输入窗口、状态栏、文本窗口、工具选项板窗口八部分组成。

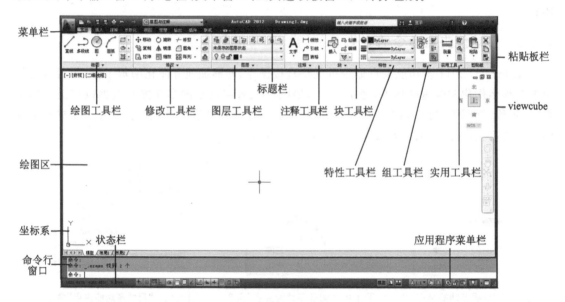

图 1.13　AutoCAD 2012 绘图工作界面

1.2.1　工作空间

工作空间是由分组的菜单、工具栏、选项板和功能区控制面板组成的集合,使设计人员可以在专门的、面向任务的绘图环境中进行设计工作。

用户可以根据设计情况选用所需要的工作空间。例如,在创建三维模型时使用三维基础和三维建模工作空间,该工作空间仅包含与三维相关的工具栏、菜单和选项板,而三维建模不需要的界面选项会被隐藏起来,从而使用户的工作屏幕区域最大化,有利于进行三维设计工作。AutoCAD还可在工作过程中根据需要切换工作空间。

1. 切换工作空间

在 AutoCAD 2012 软件中常用的切换工作空间的方法有两种,即利用菜单栏和状态栏工具进行工作空间切换,如下所述。

在菜单栏中选择"工作空间"选项,将显示工作空间的切换菜单,如图 1.14 所示。

在应用程序状态栏中单击按钮 也可切换工作空间,如图 1.15 所示。

图 1.14 工作空间切换(一)

图 1.15 应用程序状态栏中的工作空间切换(二)

2. 工作空间内容

① 草图与注释空间:草图与注释空间如图 1.13 所示。

② 三维建模空间:使用"三维建模"空间可以更加方便地在三维空间中绘制图形。各种三维操作工具分布在功能区各个选项卡中,例如在"常用"选项卡中集成了"建模""网格"和"实体编辑"等选项板,这样设置为操作提供了非常便利的环境,如图 1.16 所示。

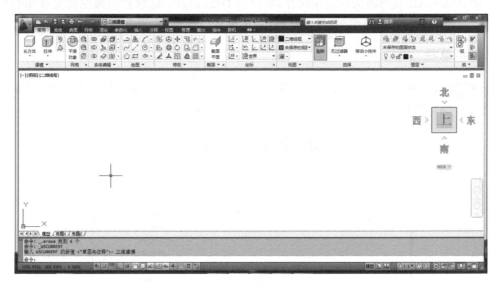

图 1.16 三维建模空间界面

③ CAD 经典空间:对于习惯于 AutoCAD 传统界面的用户来说,可以使用"AutoCAD 经典"工作空间,其界面主要由菜单浏览器按钮、快速访问工具栏、菜单栏、工具栏、文本窗口与命令行、状态栏等元素组成,如图 1.17 所示。

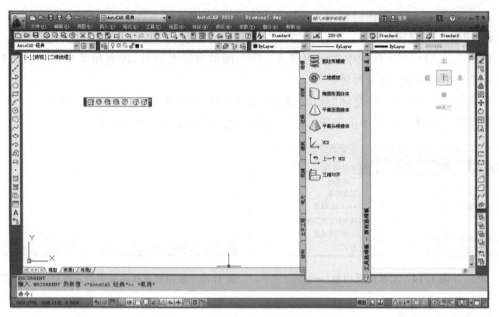

图 1.17 "AutoCAD 经典"工作空间

1.2.2 标题栏

标题栏出现在屏幕的顶部,用来显示当前正在运行的程序名及当前打开的图形文件名。如果启动 AutoCAD 或当前文件尚未保存,则显示 Drawing1。标题栏的最左侧是应用程序控制按钮。右侧的三个按钮依次为:最小化按钮、还原窗口按钮、关闭应用程序按钮。

1.2.3 菜单栏

标题栏的下面是菜单栏,包括 12 个菜单,在快速访问工具栏单击按钮 选择"显示菜单栏"(见图 1.18),则出现菜单栏完整工具,如图 1.19 所示。

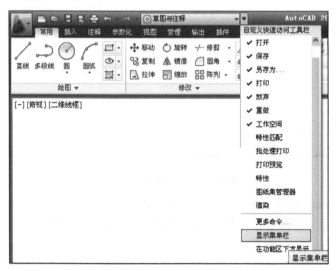

图 1.18 显示菜单栏

图 1.19 菜单栏完整工具

这些菜单包含了通常情况控制 AutoCAD 运行的功能和命令,例如"文件"下拉菜单,主要用于文件管理,如图 1.20 所示。

1.2.4 工具栏

1. 工具栏的使用

任一工具栏均包括若干个工具按钮。用户将鼠标移到工具栏的任一工具按钮上,单击即输入该按钮对应的命令。

2. 工具栏的调整

将鼠标移到工具栏边界上,按下鼠标左键不放,可将该工具栏拖放到屏幕上的任意位置。当工具栏位于屏幕中间区域时称为浮动工具栏,此时将鼠标移到工具栏边界上,当鼠标变成一个双箭头时,拖动工具栏即可改变其形状。当工具栏位于屏幕边界时会自动调整其形状或初始大小,此时称为固定工具栏。

1.2.5 绘图区

绘图区没有边界,利用视窗缩放功能,可使绘图区无限增大或减小。因此,无论多大的图形,都可放置其中。

视窗的右边和下边分别有两个滚动条,可使视窗上下或左右移动,便于观察。

绘图区的下部有三个标签:模型、布局 1、布局 2,它们用于模型空间和图纸空间的切换。模型标签的左边有四个滚动箭头,用来滚动显示标签。

图 1.20 "文件"下拉菜单

绘图区的左下角有两个互相垂直的箭头组成的图形,这是 AutoCAD 的坐标系(WCX),有关坐标的详细说明见本项目任务 5。

当鼠标移至绘图区内时,便出现十字光标,它是绘图的主要工具。

1.2.6 命令输入窗口

绘图区的下方是命令输入窗口。该窗口由两部分组成:命令历史窗口和命令行,如图 1.21 所示。命令窗口可以拖放为浮动窗口。

图 1.21 命令输入窗口

1.2.7 状态栏

AutoCAD 2012 界面的最下面是状态栏,状态栏显示当前十字光标所处位置的三维坐标、通信中心按钮和一些辅助绘图工具按钮的开关状态,如捕捉、栅格、正交、极轴、对象捕捉、对象追踪、线宽和模型等。单击这些开关按钮可以进行开关状态切换。

将鼠标移至辅助绘图工具某按钮上,右击,单击其上的"设置"就可设置相关的选项配置,如图 1.22 所示。

图 1.22 状态栏快捷菜单

通过通信中心,可以收到 Autodesk 公司的新闻和产品通知,直接向 Autodesk 发送反馈,从 Autodesk 产品支持团队获取最新新闻、通知以及 Subscription Program 新闻(如果是 Autodesk Subscription 用户),还能在 Autodesk 网站上收到新的文章和使用技巧的通知。

1.2.8 文本窗口

由于文本窗口与命令窗口含有相同的信息,用户可以在文本窗口中键入命令。在默认的状态下,文本窗口是不显示的,但可以按 F2 键显示文本窗口。作为相对独立的窗口,文本窗口有自己的滚动条、控制按钮等界面元素,也支持右击的快捷菜单操作。

1.2.9 工具选项板

在工具选项板窗口中包含几个选项卡,单击各标签即可切换至相应的选项卡对应的界面。工具选项板为组织、共享及放置块等对象提供了一种有效的方式,这其中也可以包括由第三方开发商提供的自定义工具。

开关工具选项板的方法:

- 菜单:工具→工具选项板窗口
- 工具栏空白区右击
- 快捷键:Ctrl+3

以上任何一种操作都会打开工具选项板窗口,如图 1.23 所示。

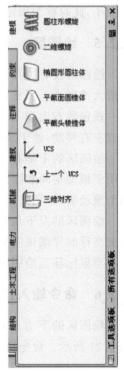

图 1.23 工具选项板窗口

任务3 AutoCAD 2012绘图环境设置

1.3.1 新建图形文件

对 AutoCAD 2012 的绘图环境有了一定的了解后,就可以开始绘图前的准备。绘图之前一般要创建新的绘图环境。"新建"命令可以新建图形文件并创建绘图环境。

1. 输入命令的方法
- 菜单:文件→新建
- 工具栏:标准→按钮
- 命令行:NEW↙

2. "启动"设置

根据菜单项的"工具"→"选项板"对话框中"系统"选项卡中的"启动"设置的不同(见图1.24),AutoCAD将用不同的方式来响应 NEW 命令。

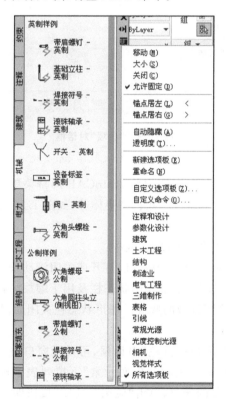

图1.24 工具选项板窗口

1.3.2 配置自己的绘图环境

用户绘图时,如果对当前绘图环境不那么满意,则在该对话框中可以对系统配置、操作界面和绘图环境等进行设置。"选项"对话框涉及的设置内容较多,此处只对基本设置进行说明。

1. 文件路径设置

当用户在 AutoCAD 2012 中工作时,系统可能经常调用一些其他文件(字库、菜单文件、文件编辑器等),"选项"对话框中的"文件"选项卡即专门用于此目的,如图 1.25 所示。用户可以通过该选项卡查看或修改各种文件的路径。

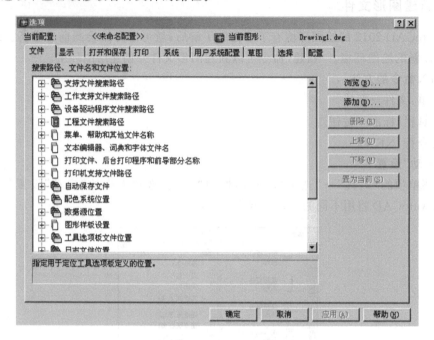

图 1.25 "选项"对话框

2. 显示设置

"显示"选项卡用于设置绘图区是否显示 AutoCAD 屏幕菜单、滚动条、启动时最小化窗口以及 AutoCAD 图形窗口和文本窗口的颜色和字体等,如图 1.26 所示。

(1)"窗口元素"选项组

控制 AutoCAD 绘图环境的显示设置,其中:

① "图形窗口中显示滚动条"复选框:可以打开或关闭滚动条。

② "显示图形状态栏"复选框:显示绘图状态栏及用于缩放注释的若干工具。图形状态栏处于打开状态时,将显示在绘图区域的底部。图形状态栏关闭后,显示在图形状态栏中的工具将移到应用程序状态栏。

③ "颜色"按钮:单击"图形窗口颜色"对话框,可设置窗口中各元素的颜色,如图 1.27 所示。例如,要改变模型空间背景颜色,在"界面元素"下拉列表中选择"统一背景",再单击"颜色"下拉列表框,从中选取需要的颜色,单击"应用并关闭"按钮即可。

④ "字体"按钮:单击图 1.26 中的"字体"按钮,可以打开"命令行窗口字体"对话框(见图 1.28),用来改变命令行的文字类型。在此对话框中可以对命令行的文字进行设置。

(2)"布局元素"选项组

控制现有布局和新布局的选项。布局是一个图纸空间环境,用户可在其中设置图形进行打印。

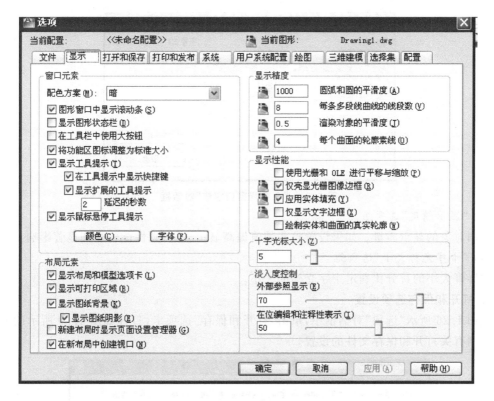

图 1.26 "显示"选项卡

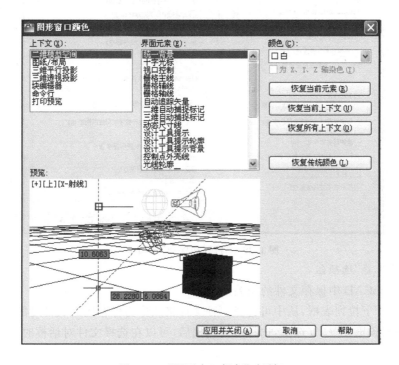

图 1.27 "图形窗口颜色"对话框

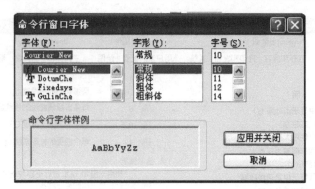

图 1.28 "命令行窗口字体"对话框

(3)"显示精度"选项组

控制对象的显示质量。如果设置较高的值提高显示质量,则性能将受到显著影响。

(4)"十字光标大小"选项组

按屏幕大小的百分比确定十字光标的大小。

3. 打开和保存选项设置

在图 1.26 所示"选项"对话框中,单击"打开和保存"选项卡,打开如图 1.29 所示的窗口,可以控制有关打开和保存文件的设置。

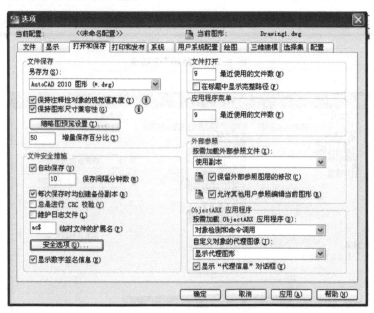

图 1.29 "打开和保存"选项卡

(1)"文件保存"选项组

控制在 AutoCAD 中保存文件的相关设置。

① "另存为"下拉列表框:从中可选择一种文件格式作为保存图形文件时的默认格式。

② "缩略图预览设置"复选框:选择该复选框后,可以在选择文件对话框时,显示所选图形的预览图像。

③ "增量保存百分比"文本框:可追加保存百分比例。

(2)"文件安全措施"选项组

设置选项以帮助避免数据丢失及数据出错。

① "自动保存"复选框和"保存间隔分钟数"文本框:确定是否需要设置自动保存功能和设置两次自动保存之间的时间间隔,单位为分钟。

② "每次保存时均创建备份副本"复选框:确定是否每次保存均创建备份。

③ "总是进行 CRC 校验"复选框:确定是否进行循环冗余校验。

④ "维护日志文件"复选框:确定是否维护日志文件。

⑤ "临时文件的扩展名"文本框:设置临时文件的扩展名。

⑥ "安全选项"按钮:单击该按钮可以在图 1.30 所示的对话框中设置当前图形打开时的口令或短语。

⑦ "显示数字签名信息"复选框:用于设置图形打开时是否显示数字签名信息。

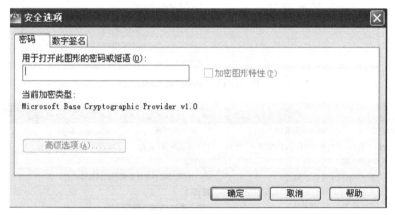

图 1.30 "安全选项"对话框

(3)"文件打开"选项组

用来设置是否在标题栏中显示完整文件路径及列出最近所用的文件数。

(4)"外部参照"文本框

控制有关编辑和加载外部引用的选项设置。

(5)"ObjectARX 应用程序"选项组

控制 ObjectARX 应用程序的相关选项设置。

4. 系统设置

在"选项"对话框中单击"系统"选项卡,AutoCAD 将打开"系统"窗口,如图 1.31 所示。利用该选项,用户可设置相关的系统配置。

5. 三维建模

使用"选项"对话框中的"三维建模"选项卡可设置当前三维图形显示系统,如图 1.32 所示。通过该选项卡,用户可设置相关选项以改变实体目标的显示方式及三维轨迹视图所使用的系统资源。

6. 设置自己的绘图环境

使用"选项"对话框中的"用户系统配置"选项卡,可以按自己喜欢的方式来设置绘图环境,如图 1.33 所示。

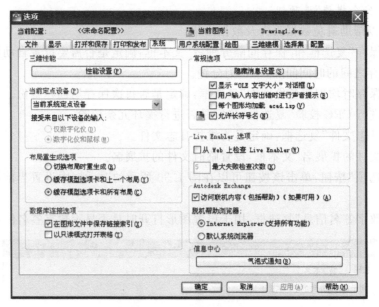

图 1.31 "系统"选项卡

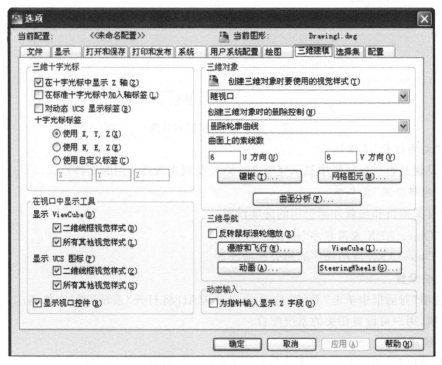

图 1.32 "三维建模"选项卡

(1)"Windows 标准操作"选项组

控制在 AutoCAD 当前图形文件中是否使用 Windows 标准按键动作方式。

① "双击进行编辑"复选框:选择该复选框,可控制绘图区域中的双击编辑操作。

② "绘图区域使用快捷菜单"复选框:选择该复选框,右击时在绘图区可以使用快捷菜单功能。如不选该复选框,右击相当于按回车键。

图 1.33 "用户系统配置"选项卡

③"自定义右键单击"按钮:如果选中"绘图区域使用快捷菜单"复选框,那么"自定义右键单击"按钮将被激活,单击该按钮后,AutoCAD 将打开如图 1.34 所示的对话框,可以设置在各种状态下鼠标右键的功能。

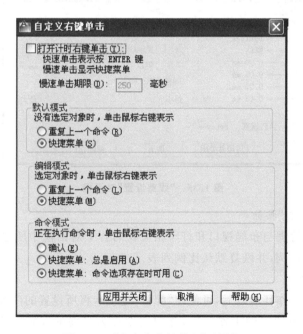

图 1.34 "自定义右键单击"对话框

（2）"插入比例"选项组

用于当插入对象单位设置为无单位的默认设置。

①"源内容单位"下拉列表框：利用该下拉列表框，用户可以设置插入未标明长度单位的图块在当前图形文件中的长度单位。

②"目标图形单位"下拉列表框：利用该下拉列表框，用户可以设置在无插入图块情况下，当前图形文件中所绘制的各图形实体的长度单位。

（3）"超链接"选项组

"显示超链接光标、工具提示和快捷菜单"复选框：控制超链接光标、工具提示和快捷菜单的显示。当选择包含超链接的对象并在绘图区域右击时，超链接快捷菜单会提供附加选项。

（4）"坐标数据输入的优先级"选项组

控制 AutoCAD 坐标数据输入的优先权。

（5）"块编辑器设置"按钮

使用此按钮控制块编辑器的环境设置。

（6）"放弃/重做"选项组

控制"缩放"和"平移"命令的放弃和重做。

（7）"关联标注"选项

控制是否创建关联标注对象或传统样式、无关联标注对象。修改关联几何对象后，关联标注自动调整其位置、方向和测量值。也可以用 DIMASSOC 系统变量设置此选项。

（8）"线宽设置"按钮

单击该按钮后，将弹出如图 1.35 所示的对话框，通过它可以对线宽进行设置。

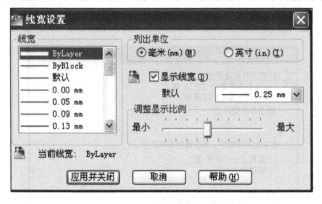

图 1.35 "线宽设置"对话框

（9）"默认比例列表"按钮

使用此按钮可以管理与布局视口和打印相关联的若干对话框中所显示的默认比例列表。可以删除所有自定义比例，并恢复默认比例列表。

7. 使用配件文件

用户找到满意的工作环境以后，可使用"配置"选项卡将所设置的内容保存起来，或者从配置选项卡中选出已经设置好的工作环境，并把它设置为当前的配置文件。"配置"选项卡如图 1.36 所示。

例如，设置当前配置文件，从列表框中选择一个已有的配置文件，然后单击"置为当前"按

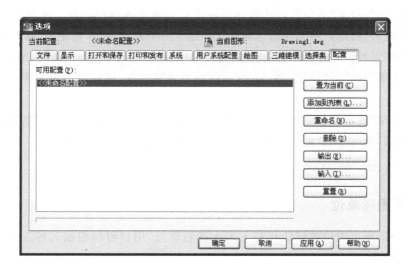

图 1.36 "配置"选项卡

钮,这时所选择设置内容就成为当前 AutoCAD 的设置,若要在列表框中增加一个配置文件,可以在"配置"选项卡中单击"添加到列表"按钮,显示"添加配置"对话框,如图 1.37 所示。

图 1.37 "添加配置"对话框

在"添加配置"对话框中添加配置文件名和描述信息后,所命名的配置文件就会出现在"配置"选项卡的列表中。

1.3.3 设置绘图界限

绘图界限是用户工作区域和图纸的边界。设置绘图界限就是设置并控制图形边界和栅格显示界限。

1. 命令的输入方式
- 菜单:格式→图形界限
- 命令行:LIMITS↙

2. 提示行

命令:limits
重新设置模型空间的界限:
指定左下角或〔开(ON)/关(OFF)〕〈0.000,0.000〉:

通过选择"开"或"关"选项可以决定能否在图形界限之外指定一点。如果选择"开"选项，那么将打开限检查，用户不能在图形界限之外结束一个对象，也不能使用"移动"或"复制"命令将图形移到图形界限之外，但可以指定两个点（中心和圆周上的点）来画圆，圆的一部分可能在界限之外；如果选择"关"选项，则AutoCAD禁止界限检查，可以在图形界限之外画对象或指定点。

"指定左下角"提示设置图形界限左下角的位置，默认值为(0,0)，用户可按回车键接受其默认或输入新值，AutoCAD继续提示用户设置绘图界限及右上角的位置：

指定右上角点〈420.000,297.000〉：

1.3.4 设置图形单位

AutoCAD的图形单位在默认状态下为十进制单位，用户可以根据具体工作需要设置单位类型和数据精度。

1. 命令的输入方法

- 菜单：格式→单位
- 命令行：DDUNITS✓ 或 UNITS✓

执行命令后出现图1.38所示的对话框。

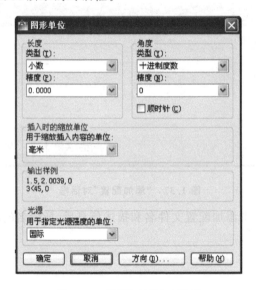

图1.38 "图形单位"对话框

2. 对话框选项说明

① "长度"选项组：可以确定长度单位类型和精度。
② "角度"选项组：可以确定角度单位类型和精度。

1.3.5 使用更名对话框

更名对话框用来更改图层类型、标注类型、视图、视口、用户坐标系、线型、图块和文字标注形式等名称。

1. 命令的输入方法
- 菜单:格式→重命名
- 命令行:RENAME✓或REN✓

执行 RENAME 命令后,出现图 1.39 所示的对话框。

图 1.39 "重命名"对话框

2. 对话框说明

从"命名对象"列表框中可知,用户可以选择其中某一个选项对其更名。"项目"列表框中包括了用户所选择对象的所有可供更改的名称。单击"项目"中的某一项,则系统将自动把该对象的名称写在"旧名称"文本框中,此时可在"重命名为"文本框中输入新名称,然后再单击"重命名为"按钮,旧名称即被新名称替换。最后,单击"确定"按钮。

任务 4　图层、颜色和线型设置

图层是用户组织自己图形的最有效的工具之一。通过将不同性质的对象(如图形的不同部分、尺寸等)放置在不同的层上,用户可以方便地通过控制图层的性质(冻结、锁定、关闭等)来显示和编辑对象。

AutoCAD 的图层是透明的电子纸,一层挨一层放置,用户可根据需要增加和删除图层,每一层均可拥有任意的 AutoCAD 颜色和线型,而放在该层上创建的对象则默认接受这些颜色和线型。

1.4.1　图层的创建和使用

当用户使用 AutoCAD 的绘图工具绘图时,该对象将位于当前层上。AutoCAD 提供了 3 种方法打开"图层特性管理器"对话框。

1. 命令的输入方法
- 菜单:格式→图层
- 工具栏:图层→按钮

- 命令行：LAYER↙或LA↙

启动图层命令后，AutoCAD将打开图1.40所示的对话框。

图层列表框

图1.40 "图层特性管理器"对话框

2. 对话框说明

通过该对话框用户可完成创建图层、删除图层及其他属性的设置操作。

(1)"图层过滤器特性"选项组

在这一选项组内，可进行图层列表中的显示控制。

① "名称"下拉列表框：用户可利用列表框，有针对性地选择显示当前图形文件图层的过滤条件。其中有2个选项，分别为"显示所有图层""显示所有使用的图层"。默认情况下，在图层列表中显示所有图层。

② "图层过滤器特性"对话框：单击按钮 ，将打开"图层过滤器特性"对话框，利用该对话框可命名图层过滤器，如图1.41所示。

在该对话框中，用户可以设置图层名称、状态、颜色、线型及线宽等过滤条件。当指定图层名称、颜色、线宽、线型以及打印样式时，可使用标准的"?"和"＊"等多种通配符，其中"?"用来代替任意一个字符，"＊"代替任意多个字符。

此外，在"名称"下拉列表框中显示了当前图形包含的所有命名图层过滤器的名称；单击"添加"按钮可以创建一个新的过滤器；单击"删除"按钮可以删除一个已有的过滤器；单击"重置"按钮可以重新设置过滤器的过滤条件。

③ 其他过滤条件：选中"反转过滤器"复选框，将只显示未通过过滤器的图层。

(2)图层列表框

在该列表框中列出了所有符合图层过滤器选项组控制条件的图层。

3. 新建图层

在绘图过程中用户可随时创建新图层，操作方法如下：

① 在图1.40所示的对话框中单击"新建"按钮 ，AutoCAD将自动生成一个名为"图层

图 1.41 "图层过滤器特性"对话框

××"的图层。其中"××"是数字,表明所创建的是第几个图层,用户可根据需要将图层更名。

② 在对话框中任一空白处单击或按回车键可结束创建图层的操作。若单击"确定"按钮,则结束图层创建操作,并自动关闭图层属性管理器对话框。

注意:新建图层时,如果在图层名称列表框中有一图层被选择(呈高亮显示),那么新建的图层将自动继承该图层的属性(如颜色、线型等)。

4. 删除图层

在绘图过程中用户可以随时删除一些不用的图层,操作方法如下:

① 在图 1.40 所示对话框的图层列表框中单击要删除的图层,此时该图层被选中,呈高亮显示。

② 单击"删除"按钮 ,即可删除所选择的图层。

注意:0 层、当前层、含有实体的层和外部引用依赖层不能被删除。

5. 设置当前层

当前层就是当前绘图层,用户只能在当前层上绘制图形,而且所绘制图形的属性将继承当前层的属性。当前层的层名、属性都显示在对象特性工具栏上时,AutoCAD 默认 0 层为当前层。设置当前层有以下 3 种方法:

① 在图 1.40 所示的对话框中,选择所需要的图层名称,使其高亮显示,然后单击"当前"按钮 。

② 单击"图层"工具栏上的按钮 ,然后选择某个图形实体,即将该实体所在图层设置为当前层。

③ 在命令行输入 CLAYER 并按回车键,出现下列提示:

输 CLAYER 的新值〈"0"〉:

在提示后输入新选的图层名称,然后按回车键即可将所选图层设置为当前层。

6．状态管理器

单击按钮 将打开"图层状态管理器"对话框,如图1.42所示。该对话框中列出的所有已经保存的状态名,可以在此"恢复、编辑、重命名、删除"选中的图层状态名,也可以将选中的图层状态名输出到一个.Las文件中。

图1.42 "图层状态管理器"对话框

1.4.2 使用图层颜色

1．图层颜色设置

为了区分不同的图层,用户要为不同的图层设置不同的颜色。操作步骤如下：

① 在图1.40所示的对话框的图层列表框中选择所需的图层。

单击图层名称的颜色图标,弹出"选择颜色"对话框,如图1.43所示。"选择颜色"对话框中包括"索引颜色""真彩色"和"配色系统"三个选项卡。

a. 索引颜色：索引颜色是将256种颜色预先定义好且组织在一张颜色表中。在图1.43所示的"索引颜色"选项卡中,用户可以在256种颜色中选取一种。单击选取希望的颜色或在"颜色"文本框中输入相应的颜色名或颜色号,单击"确定"按钮可接受所做的选择并关闭此对话框。

b. 真彩色：单击"真彩色"标签打开"真彩色"选项卡,选项卡中"颜色模式"下拉列表中有RGB和HSL两种颜色模式可以选择,如图1.44所示。虽然通过这两种颜色模式都可以调出想要的颜色,但是它们是通过不同方式组合颜色的。

RGB颜色模式是源于有色光的三原色原理,其中,R代表红色,G代表绿色,B代表蓝色,每种颜色都有256种不同的亮度值,因此RGB模式从理论上讲有256×256×256共约16兆种颜色,这也是"真彩色"概念的下限。虽然16兆种颜色仍不能涵盖人眼所能看到的整个颜色范围,自然界中的颜色也远远多于16兆种,但是这么多种颜色已经足够模拟自然界中的各种

图 1.43 "选择颜色"对话框

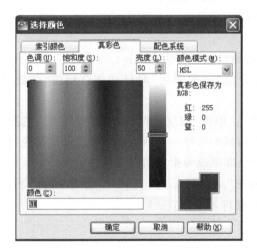

图 1.44 RGB 和 HSL 颜色模式对话框

颜色了。RGB 模式是一种加色模式,即所有其他颜色都是通过红、绿、蓝三种颜色叠加而成的。

HSL 颜色模式是以人类对颜色的感觉为基础,描述了颜色的 3 种基本特征。H 代表色调,这是从物体反射或透过物体传播的颜色。在 0~360 度的标准色轮上,按位置度量色相。在通常的使用中,色调由颜色名称标识,如红色、橙色或绿色。S 代表饱和度(有时称为彩度),是指颜色的强度或纯度。饱和度表示色相中灰色成分所占的比例,它使用从 0%(灰色)至 100%(完全饱和)的百分比来度量。在标准色轮上,饱和度从中心到边缘递增。L 代表亮度,是颜色的相对明暗程度,通常用 0%(黑色)至 100%(白色)的百分比来度量。

c. 配色系统:单击"配色系统"标签打开"配色系统"选项卡,如图 1.45 所示。在该选项卡中的"配色系统"下拉列表中,AutoCAD 提供了 9 种定义好的色库表,用户可以选择一种色库表,然后在下面的颜色条中选择所需要的颜色。

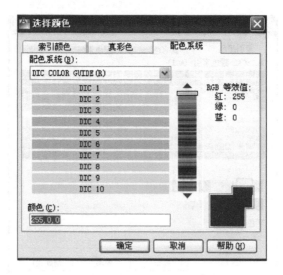

图 1.45 "配色系统"对话框

② 在"选择颜色"对话框中选择一种颜色,单击"确定"按钮。

③ 在图 1.45 所示对话框中单击"确定"按钮。

2. 改变对象颜色

对于创建完成的对象,当需要改变颜色时,可通过三种方法实现:

① 将对象重新指定给其他图层的内容:在介绍"使用图层"时已详细介绍过,此处不再赘述。

② 更改图层颜色以改变该图层上对象的颜色:单击"图层特性管理器"中相对应的颜色,可弹出图 1.43 所示的"选择颜色"对话框在该对话框中选择一种新的颜色作为图层颜色,最后通过单击"确定"按钮,退出所有对话框。对象颜色即更改为指定给图层的颜色。

③ 给对象指定新的颜色以改变其颜色:可在"对象特征"工具栏中"颜色控制"下拉表中为其选择新的颜色,也可以在"特性"管理器中设置。

1.4.3 使用图层线型

1. 图层线型设置

AutoCAD 允许用户为每个图层分配一种线型。在默认情况下,线型为连续实线。用户可根据需要设置不同的线型。

(1) 装载线型

AutoCAD 2012 提供了多种线型,这些线型都存放在 acad.lin 和 acadiso.lin 文件中。在使用一种线型之前,必须先将其装载到当前图形文件中,装载线型在"选择线型"对话框中进行,如图 1.46 所示。

打开该对话框的方法有:

① 菜单:格式→线型。

② 工具栏:打开"对象特性"工具栏中的"线型控制"下拉列表框,选择其中的"其他"选项。

③ 命令行:LINETYPE↙

图 1.46 "选择线型"对话框

打开图 1.46 所示对话框后,即可装载线型,操作步骤如下:

a. 在图 1.46 所示对话框中单击"加载"按钮,出现"加载或重载线型"对话框,如图 1.47 所示。

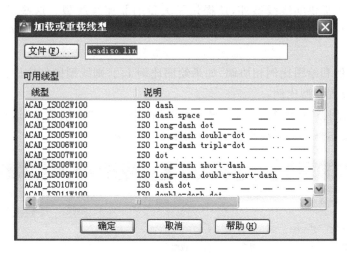

图 1.47 "加载或重载线型"对话框

b. 在图 1.47 所示对话框中选择所需线型。单击线型名,再单击"确定"按钮。在图 1.46 所示对话框中的线型列表选项中就可看到选择的线型已加载。

c. 单击"确定"按钮,关闭"选择线型"对话框,完成线型装载。

(2) 设置线型

装入线型后,可在"图层特性管理器"对话框中将其赋给某个图层,操作步骤如下:

① 在"图层特性管理器"对话框中选定一个图层,单击该图层的初始线型名称,弹出图 1.48 所示的"线型管理器"对话框。在"已加载的线型"选择框中选择所需的线型,再单击"确定"按钮。

② 如果在"已加载的线型"选择框中没有所需的线型,则单击"加载"按钮,出现图 1.47 所示"加载或重载线型"对话框,选择所需的线型;再单击"确定"按钮,则回到图 1.48 所示的对话框,选择所需的线型,再单击"确定"按钮。

③ 在"图层特性管理器"对话框中,单击"确定"按钮,线型设置完毕。

图1.48 "线型管理器"对话框

(3) 线型比例

AutoCAD除了提供实线线型外,还提供了大量的非连续线型。这些线型包括重复的短线、间隔及点。用户可以用ltscale命令来更改线型的短线、间隔和点的相对比例。线型比例的默认值为1。

通常,线型比例和绘图比例相协调,如果绘图比例1∶2,则线型比例应设为2。用户可采用下列方法之一来设置线型比例:

① 在"线型管理器"对话框中单击"显示细节"按钮,展开"详细信息"选项组,用户可以在"全局比例因子"文本框中输入线型比例值,如图1.49所示。

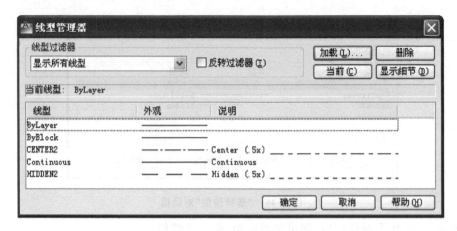

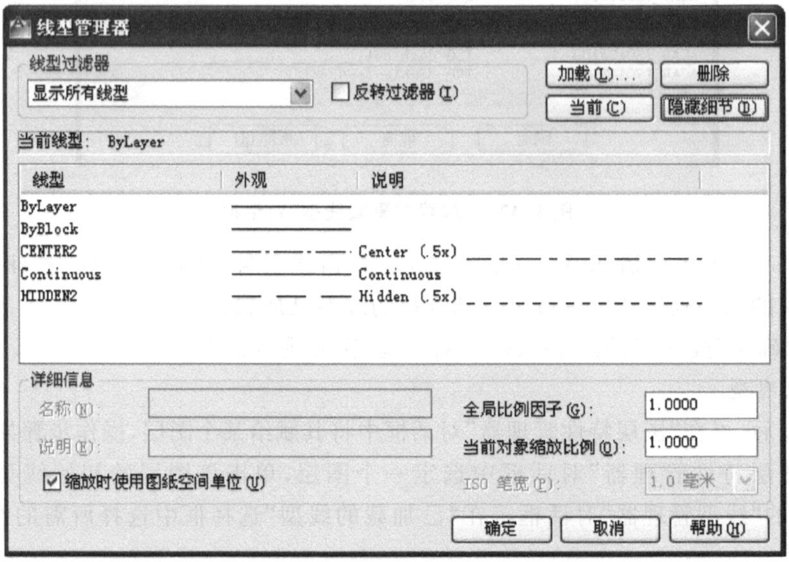

图1.49 "显示细节"选项的对话框

② 在命令提示符下输入"ltscale"并按回车键,出现:

输入新线型比例因子〈×××〉:

其中"×××"表示原来的线型比例。输入新线型比例因子,按回车键即可。更改线型比例后,AutoCAD自动重新生成图形。

(4) 线宽设置

在AutoCAD 2012中,用户可以为每一个图层的线条设置实际的线宽,从而使图形中的线条保持固定的宽度。用户为不同的图层定义线宽之后,无论是在图形预览还是打印输出时,这些线宽均是实际显示的。

设置线宽可在"图层特性管理器"对话框中进行。在该对话框中单击图层列表框中的"线宽"项即可打开"线宽"对话框,如图1.50所示。在该对话框中,列出了一系列可供用户选择的线宽,选择某一线宽后,单击"确定"按钮,即可将线宽值赋给所选图层。

2. 改变对象当前线型

改变对象线型与改变对象颜色基本相似,也可以通过三种方法来实现:

① 将对象重新指定给不同线型的其他图层:如果对象的线型设置为"ByLayer(随层)",将对象重新指定给不同线型的其他图层时,对象线型即可改变为新图层所指定的线型。先选择要改变线型的对象,在"图层"工具栏下拉列表中选择要指定给对象的图层。

② 改变指定给该对象所在图层的线型:如果对象的线型设置为"ByLayer(随层)",则对象使用它所在图层的线型。当改变指定给图层的线型时,所在该图层上的所有对象的线型将随之更新。给图层指定线型在介绍"图层线型设置"时已详细介绍过,此处不再重复。

③ 给对象指定一个线型以改变其当前线型:选择要改变线型的对象,在"对象特性"工具栏中的"线型控制"下拉表中选择一种新的线型,所选对象的线型将随之改变,如图1.51所示。

图1.50 "线宽"对话框

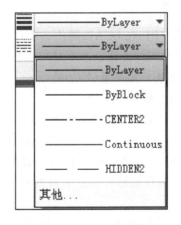

图1.51 给对象指定线型

1.4.4 图层状态控制

如果用户建立了大量的图层,而且图层很复杂,那么就要灵活地控制图层。AutoCAD 2012提供了一组状态开关,该组状态开关能够用来控制图层状态属性,状态开关介绍如下:

1. 开/关

当层打开时,该层可见并且可在该层上画图。当层关闭时,位于该层上的内容不能在屏幕上显示或由绘图仪输出,但可在该层上画图,所画图形在屏幕上不可见。重新生成图形时,层上的实体仍将重新生成。

2. 冻结/解冻

冻结图层后,位于该层上的内容不能在屏幕上显示或由绘图仪输出,用户不能在该层上绘制图形。在重新生成图形时,冻结层上的实体将不被重新生成。冻结图层可以加快缩放视图、平移视图和其他操作命令的运行速度,增强图形对象的选择性能,并减少复杂图形的重生成时间。

3. 锁定/解锁

图层锁定后,用户只能观察该层上的图形,不能对其编辑和修改,但图形仍可显示和输出。可在该层上画图,所画图形在屏幕上可见。

4. 打印样式和打印

在"图层特性管理器"对话框中,用户可以通过"打印样式"列确定某个图层的打印样式,但如果使用的是彩色绘图仪,则不能改变这些打印样式。单击"打印"列中对应的打印图标,可以设置图层是否能够被打印,这样就可以在保持图形显示可见性不变的前提下控制图形的打印特性。打印功能只对可见的图层起作用,即只对没有冻结和没有关闭的图层起作用。

注意: 当某些图层需要频繁地切换它的可见性时,选择关闭而不是冻结该图层;对于长时间不必显示的图层,可将其冻结而非关闭。

任务5 坐标系与坐标输入方法

1.5.1 坐标系

不论用户用 AutoCAD 画什么样的图形,都须准确地定位点,而利用坐标来精确定位点是大家最容易想到的办法。AutoCAD 默认坐标为世界坐标系(WCS),不过用户可以定义自己的坐标系,即用户坐标系(UCS)。

1. 世界坐标系(WCS)

WCS 是 AutoCAD 的基本坐标系,它由三个相互垂直并相交的坐标轴 X,Y,Z 组成,其坐标原点和坐标轴方向都不会改变。为了帮助用户直观地看到世界坐标系,AutoCAD 默认地在图形窗口左下角处显示 WCS 图标,如图 1.52 所示。

图 1.52 世界坐标系图标

WCS 默认情况下,X 轴正方向水平向右,Y 轴正方向垂直向上,Z 轴正方向垂直向外,指向用户,坐标原点在绘图区左下角。

2. 用户坐标系(UCS)

为了更好地辅助绘图,用户需要修改坐标系的原点和方向,AutoCAD 提供了可变的用户坐标系,方便用户绘图。在默认情况下,用户坐标系和世界坐标系是相重合的,用户也可以在绘图过程中根据需要来定义 UCS。

1.5.2 坐标输入方法

绘制图形时,无论图形多么复杂,其实都是由基本的对象如线、图和文本构成的,所有这些对象都要求用户输入点以指定它们的位置、大小和方向,所以精确地输入点的坐标是绘图的关键。

1. 绝对直角坐标

绝对直角坐标是以原点(0,0,0)为基点定位所有的点。AutoCAD 默认原点位于绘图区左下角。在直角坐标系中,X、Y、Z 三轴线在原点(0,0,0)相交,绘图区内的任何一点均可用(X,Y,Z)表示,用户可以通过输入 X、Y、Z 坐标来定义点的位置。

2. 绝对极坐标

极坐标是通过相对于极点的距离和角度来定义的。在系统默认情况下,AutoCAD 以逆时针来测量角度。水平向右为 0°(或 360°)方向,90°垂直向上,180°水平向左,270°垂直向下。

绝对极坐标均以原点作为极点。用户可以输入一个长度和一个角度,长度和角度之间用"<"号隔开,例如 80<45,表示该点离极点的极长为 80 个图形单位,而该点的连线与 0°方向之间的夹角为 45°。

3. 相对直角坐标

相对直角坐标是某点相对某一特定点的坐标变化。绘图中用户常把上一点看作特定点,后续绘图操作是相对前一点进行的。相对直角坐标用(@X,Y,Z)的方式输入,例如二维绘图时,如果前一点的坐标为(20,30),下一点的相对坐标为(@6,9),则该点的绝对坐标为(26,39)。

4. 相对极坐标

相对极坐标是通过相对于某一特定点的极长距离和偏移角度来表示的。相对极坐标是以前一个操作点作为极点,这就是相对极坐标和绝对极坐标的区别。相对极坐标用(@3<α)的形式表示,其中@表示相对,3 表示极长,α 表示角度。

5. 直接距离输入

AutoCAD 支持相对坐标输入的一种形式,该形式称为直接距离输入。在直接距离输入中,用户可以通过移动鼠标指定一个方向,然后输入距第一个点的距离来确定下一个点,它提供了一种更直接和更容易的输入方法。这种方法主要用于涉及位移是直角的情况,因此用户要打开"正交(ORTHO)"辅助绘图工具。

任务6 辅助工具

绘图时,用鼠标定位虽然方便、快捷,但精度不够精确。AutoCAD 提供了一些绘图辅助工具(如删格、捕捉、正交等)来帮助用户精确绘图。

1.6.1 捕捉与追踪

以下两种操作均可打开图 1.53 所示的"草图设置"对话框。
- 菜单:工具→草图设置
- 命令行:DSETTINGS↙或 DS↙

在对话框中有三个选项卡,分别为"捕捉和栅格""极轴追踪""对象捕捉",用来进行对应功能的设置。

图 1.53 "草图设置"对话框

1. 捕捉和栅格

(1) 在"草图设置"对话框中设置"捕捉和栅格"

"捕捉"用于设定鼠标指针移动的间距。"栅格"是一些标定位置的小点,所起的作用就像是坐标纸,它可以提供直观的距离和位置参照。在 AutoCAD 中,使用"捕捉"和"栅格"功能,可以提高绘图效率。要打开或关闭"捕捉"和"栅格"功能,可选择下列方法之一:

① 在 AutoCAD 程序窗口的状态栏中,单击"捕捉"和"栅格"按钮。

② 按 F7 键打开或关闭栅格,按 F9 键打开或关闭捕捉。

③ 打开"草图设置"对话框,在"捕捉和栅格"选项卡中选择或取消选择"启动捕捉"和"启动栅格"复选框。

利用"草图设置"对话框中的"捕捉和栅格"选项卡,可以设置捕捉和栅格的相关参数。各选项的功能如下:

- 启动捕捉:该复选框用于打开或关闭捕捉方式。
- 捕捉:在该选项区域中可以设置 X、Y 轴捕捉间距、栅格旋转角度以及旋转时 X、Y 的基点坐标。旋转角相对于当前用户坐标系进行度量,可以在 $-90°\sim 90°$ 的范围指定旋转角,但不会影响 UCS 的原点和方向。正角度使栅格绕其基点逆时针旋转,负角度使栅格顺时针旋转。
- 启动栅格:该复选框用于打开或关闭栅格的显示。
- 栅格:在该选项区域中可以设置栅格的 X、Y 轴间距,如果栅格的 X、Y 轴间距值为 0,则栅格采用捕捉 X、Y 轴间距的值。
- 捕捉类型和样式:在选项区域中可以设置捕捉类型是"栅格捕捉"还是"极轴捕捉"。

选择"栅格捕捉"单选按钮,设置捕捉样式为栅格,当选择"矩形捕捉"单选按钮时,可将捕捉样式设置为标准矩形捕捉模式,光标可以捕捉一个矩形栅格;当选择"等轴测捕捉"单选按钮时,可将捕捉样式设置为等轴测捕捉模式,光标将捕捉到一个等轴测栅格;在"捕捉"和"栅格"选项区域可以设置相关参数。

如果选择"极轴捕捉"单选按钮,设置捕捉样式为极轴捕捉,此时,在启用了极轴追踪或对象捕捉追踪的情况下指定点,光标将沿极轴角或对象捕捉追踪角度进行捕捉,这些角度是相对最后指定的点或最后获取的对象捕捉点计算的,并且在左侧的"极轴间距"选项中的"极轴距离"文本框中可设置极轴捕捉间距。

(2)使用 AutoCAD 的命令设置"捕捉和栅格"

① 在 AutoCAD 的命令中输入 Snap 命令也可以打开或关闭捕捉模式,设置捕捉间距、旋转及样式等,其命令行提示如下:

指定捕捉间距或[开(ON)/关(OFF)/纵横向间距(A)/旋转(R)/样式(S)/类型(T)]<10.0000>:

- "指定捕捉间距"选项:默认情况下,需要指定捕捉间距。
- "开"选项:用当前栅格的分辨率、旋转角和样式激活"捕捉"模式。
- "关"选项:关闭 Snap 模式,但保留当前设置。
- "纵横向间距"选项:在 X 和 Y 方向上指定不同的间距。如果当前捕捉模式为等轴测,则不能使用该选项。
- "旋转"选项:设置捕捉栅格的原点和旋转角。

在捕捉旋转的状态下,鼠标指针的方向也发生了旋转,此时,即使正交方式是打开的也只能沿栅格方向画线,而不是沿坐标方向。

- "样式"选项:用于设置"捕捉"栅格的样式为"标准"或"等轴测"。"标准"样式显示与当前 UCS 的 XY 平面平行的矩形栅格,X 间距与 Y 间距可能不同;"等轴测"样式显示等轴测栅格,栅格点初始化为 30°和 150°角,等轴测捕捉可以旋转,但不能有不同的纵横向间距值。等轴测包括上等轴测平面(30°和 150°角)、左等轴测平面(90°和 150°角)和右等轴测平面(30°和 90°角)。
- "类型"选项:用于指定捕捉类型为极轴或栅格。

② 如果在命令行输入命令 Grid,也可以设置栅格显示及间距,此时命令行提示如下:

指定栅格间距(X)或[开(ON)/关(OFF)/捕捉(S)/纵横向间距(A)]<10.0000>:

- "指定栅格间距":默认情况下,需要设置栅格间距值。该间距不能设置太小,否则将导致图形模糊及屏幕重画太慢,甚至无法显示栅格。
- "开"选项:打开当前栅格。
- "关"选项:关闭栅格。
- "捕捉"选项:将栅格间距设置为由 Snap 命令指定的捕捉间距。

2. 对象捕捉

对象捕捉的作用是:十字光标可以强制性地定位在已存在实体的特征点或特定位置上,如果寻找两条相交直线的交点,要求准确地把光标定位在这个交点上,这靠视觉是很难做到的,而如果利用交点捕捉功能,只须把交点放置在选择框内,就可准确地确定交点,从而保证绘图的精确性。

（1）临时对象捕捉方式

AutoCAD 提供的临时对象捕捉方式功能，均是对绘图中控制点的捕捉而言的。这种方式的启用方法有三种：

① 在"视图"菜单栏选择"工具栏"，打开工具栏对话框，并选择"对象捕捉"复选框，"对象捕捉"工具栏如图 1.54 所示。

图 1.54 "对象捕捉"工具栏

② 按下 Shift 键或 Ctrl 键的同时右击，弹出光标菜单，如图 1.55 所示。

③ 在命令栏提示符下输入捕捉类别的前 3 个英文字母（如 MID、CEN、QUA）。

13 种捕捉方式分别为：

- 端点捕捉（Endpoint）：用来捕捉实体的端点，该实体可以是一段直线，也可以是一段圆弧。捕捉时，将拾取框移至所需端点的一侧，单击即可，拾取框总是捕捉它所靠近的那个端点。

- 中点捕捉（Midpoint）：用来捕捉一条直线或圆弧的中点。捕捉时只须将拾取框放在直线或圆弧上即可，而不一定放在中部。

- 交点捕捉（Intersection）：用来捕捉实体的交点，这种方式要求实体在空间必须有一个真实的交点，无论该交点是否存在，只要延长之后交于一点即可。

- 外观交点捕捉（Apparent Intersection）：用来捕捉两个实体的延伸交点，该交点在图上并不存在，而是同方向上延伸后得到的交点。

- 延长线捕捉（Extension）：用来捕捉一已知直线延长线上的点，即在该延长线上选择出合适的点。

图 1.55 弹出式光标菜单

- 圆心捕捉（Center）：用来捕捉一个圆、圆弧或圆环的圆心或椭圆、椭圆弧的中心。捕捉时一定要用拾取框选择圆或圆环本身，而非直接选择圆心部位，此时光标便自动在圆心出现标记。

- 象限点捕捉（Quadrant）：用来捕捉圆、圆弧、圆环在整个圆周上的四个点。一个圆四等分后，每一个部分称为一个象限，象限在圆的连接部位即是象限点。拾取框总是捕捉离它最近的那个象限点。

- 切点捕捉（Tangent）：用来捕捉与圆、圆弧相切的点，使这一点和已确定的另外一点的连线与实体相切。

- 垂足捕捉（Perpendicular）：该方式是在一条直线、圆或圆弧上捕捉一个点，从当前已选定的点到该捕捉点的连线与所选择的实体垂直。

- 平行线捕捉（Parallel）：捕捉一点，使已知点与该点的连线与一条已知直线平行。

- 节点捕捉(Node):用来捕捉点实体或节点。使用时须将拾取框放在节点上。
- 插入点捕捉(Insert):用来捕捉一个文本或图块的插入点,对于文本来说就是其定位点。
- 最近点捕捉(Nearst):用来捕捉直线、弧或其他实体离拾取框最近的点。

注意:

① 在 AutoCAD 中,当拾取框捕捉点时,便会在该点闪出一个带颜色的特定标记,以提示用户不需要再移动拾取框便可以确定该捕捉点。

② 临时捕捉方式只能对当前选择方式有效。

(2) 运行对象捕捉方式

设置运行对象捕捉方式功能后,绘图中就会一直保持对象捕捉状态,直到取消为止。运行捕捉功能可以通过对话框进行设置。打开图 1.53 所示对话框中的"对象捕捉"选项卡可以进行各种捕捉功能的设置,如图 1.56 所示。必须要选中"启用对象捕捉"(功能键 F3)复选框,才能使捕捉功能处于开启状态,单击对象捕捉模式选项组中的某一复选框,使选择了该项功能,设置完毕后单击"确定"按钮即可。

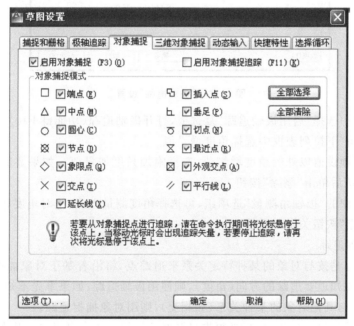

图 1.56 "草图设置"对话框

3. 自动追踪

在 AutoCAD 中,自动追踪功能是一个非常有用的辅助绘图工具,使用它可按指定角度绘制对象,或者绘制与其他对象有特定关系的对象。

自动追踪包括两种追踪方式:"极轴追踪"和"对象捕捉追踪"。两种追踪方式可以同时使用。

(1) 极轴追踪

极轴追踪是按事先给定的角度增量来追踪特征点。AutoCAD 要求指定一个点时,按预先设置的角度增量显示一条辅助线,用户可沿辅助线跟踪得到光标点。用户可以单击状态栏上的"极轴"按钮打开或关闭极轴追踪模式,也可以在"草图设置"对话框中的"极轴追踪"选项卡中进行设置,在该选项卡左上角有一个"启用极轴追踪"复选框,选择该复选框可执行极轴追踪功能。

注意:不能同时打开正交模式和极轴追踪功能。

极轴追踪设置步骤为:

① 打开"草图设置"对话框并选择"极轴追踪"选项卡,如图 1.57 所示。

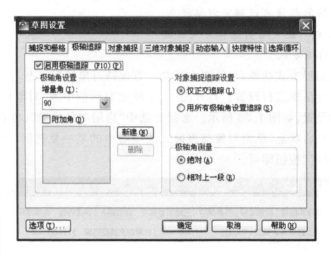

图 1.57 "极轴追踪"设置

② 在对话框中选择"启用极轴追踪"复选框,打开极轴追踪(功能键 F10)。

③ 在"增量角"下拉列表框中选择角度增量值。

④ 若要选择预设值以外的角度增量值,选择附加角度增量值。如果要删除一个角度值,则在选取该角度值后单击"删除"按钮。

⑤ 在对话框中的"极轴角测量"选项组,可选择角度测量方式:绝对角度和相对上一段。

⑥ 单击"确定"按钮关闭对话框。

(2) 对象捕捉追踪

对象捕捉追踪是按与对象的某种特定关系来追踪点,将沿着基于对象捕捉点的辅助线方向追踪。如果事先知道要追踪的方向(角度),则使用极轴追踪;如果事先不知道具体的追踪方向(角度),但知道与其他对象的某种关系(如相交),则用对象捕捉追踪。

在打开对象捕捉追踪功能之前,必须先打开对象捕捉。用户可以单击状态栏上的"对象追踪"按钮打开或关闭对象捕捉追踪模式。也可以在"草图设置"对话框中的"对象捕捉"选项卡中进行设置,在该选项卡右上角有一个"启用对象捕捉追踪"复选框,选择该复选框可执行对象捕捉追踪功能,如图 1.56 所示。

4. 自动捕捉和自动跟踪的设置

AutoCAD 在"选项"对话框"绘图"选项中进行自动捕捉和自动跟踪的设置,如图 1.58 所示。

(1) 自动捕捉设置

在该选项组中可控制使用对象时显示的形象化辅助工具。选择"标记"复选项,表示捕捉到指定点时显示捕捉标志,它将显示为不同的几何符号;选择"磁吸"选项后,当光标接近捕捉

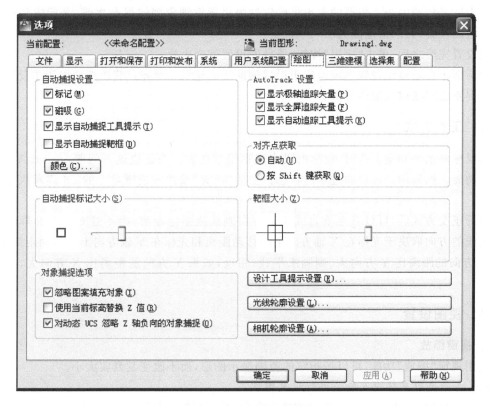

图 1.58 自动跟踪的设置

点时,将会自动吸附到相应的捕捉点位置;选择"显示自动捕捉工具提示"选项后,当捕捉到指定点后,将会显示一个表示捕捉标记的小标签;选择"显示自动捕捉靶框"选项后,将会显示自动捕捉的靶框;单击"颜色",在下拉列表中可选择自动捕捉标记的颜色,默认为黄色,用户可选择其他的颜色。

(2) 自动追踪设置

在该选项组中可设置与追踪功能相关的设置,包括下面几个选项:

① 显示极轴追踪矢量:选择该项后,将沿着指定角度显示一个矢量,使用极轴追踪,可以沿角度绘制直线。极轴角是 90°的约数,如 45°、30°和 15°。

② 显示全屏追踪矢量:该项将控制追踪矢量的显示,追踪矢量是辅助用户按特定角度或与其他对象特定关系绘制对象的构造线,AutoCAD 将以无限长直线显示对齐矢量。

③ 显示自动追踪工具提示:该项可控制自动追踪工具栏提示的显示。

(3) 对齐点获取

在该选项组中可控制在图形中显示对齐矢量的方法。如果选择"自动"选项时,当靶框移到对象捕捉上时,将会自动显示追踪矢量;而选择"用 Shift 键获取"选项时,只要按下 Shift 键并将靶框移到对象捕捉上时,才能显示追踪矢量。

(4) 自动捕捉标记大小

拖动滑快可调节自动捕捉标记的大小,向左拖动将缩小,而向右拖动将扩大。

(5) 靶框大小

该项可设置靶框的显示尺寸,这时如果选择显示自动捕捉靶框选项,捕捉到对象时靶框将显示在十字光标的中心。靶框的大小将确定磁吸将靶框锁定到捕捉点之前,光标应到达与捕捉点多近的位置,其取值范围为1～50像素。

当设置完毕之后,单击"应用"按钮,所做的设置就会生效。

对话框中自动追踪设置选项组用于设置辅助线的显示。对齐点获取选项组用于设置使用对象捕捉跟踪时获取对象的方法。

1.6.2 正交方式

用鼠标画水平和垂直线时,仅靠肉眼去观察很难把握。为解决这一问题,AutoCAD提供了正交功能。同时用户可以通过单击状态栏上的"正交"按钮或按键盘上的F8键来执行正交功能。

打开正交方式后,可以只在垂直或水平方向画线或指定距离,而不管光标在屏幕上的位置。画线的方向取决于光标在X轴方向上的移动距离和光标在Y轴方向上的移动距离变化。如果X方向的距离比Y方向大,则画水平线;相反,如果Y方向的距离比X方向大,则画垂直线。

1.6.3 视图设置

1. 视窗缩放

利用视窗"缩放"功能,可以按指定的范围显示图形,而不改变其真实大小。

(1) 在命令行直接输入命令进行视窗缩放

在命令行输入ZOOM或Z启动缩放命令后,命令行提示如下:

命令:ZOOM

指令窗口角点,输入比例因子(nx 或 nxp),或全部(A)/中心点(C)动态(D)/范围(E)/上一个(P)/比例(S)窗口(W)〈实时〉:

各项的说明如下:

① 全部(A):选择此项,将依照图形界限或图形范围的尺寸在绘图区域内显示图形。图形界限与图形范围中哪个尺寸大,便由哪个决定图形显示的尺寸。

注意:使用全部选项,将进行图形再生,如果图形文件很大,计算机重新计算将花费很长时间,这时应尽量避免使用此项命令。

② 中心点(C):选择此项,AutoCAD将根据所确定的中心点调整视图。选择该项后,用户可直接用鼠标在屏幕上选择一个点作为新的中心点,确定中心点后,AutoCAD要求用户输入放大系数或新视图的高度。

如果在输入数值的后面加注一个X,则输入值为放大倍数,否则AutoCAD会将这一数值作为新视窗的高度。

③ 动态(D):该选项先临时将图形全部显示出来,同时自动构造一个可移动的视图框(该视图框通过切换后可以成为可缩放的视图框),用此视图框来选择图形的某一部分作为下一个屏幕上的视图。

该方式屏幕将临时切换到虚拟显示屏幕状态,此时屏幕上将显示3个视图框:

- 图形界限或图形范围视图框:是一个蓝色的虚线方框,该框显示图形界限和图形范围中较大的一个。框中的区域与使用"缩放范围"方式时显示的范围相同。

- 当前视图框:在图中是一个绿色线框,该框中的区域就是在使用这一项之前的视图区域。
- 选择视图框:该视图框有两种状态,一种是平移视图框,其大小不能改变,只可任意移动;一种是缩放视图框,它不能平移,但可调节大小。可用鼠标左键在两种视图框之间切换。

④ 范围(E):该选项可以将所有的图形全部显示在屏幕上,并最大限度地充满整个屏幕。这种方式会引起图形的再生成,速度较慢。

⑤ 上一个(P):使用缩放命令缩放视图后,以前的图形便被 AutoCAD 自动保存起来,AutoCAD 一般可保存最近的 10 个视图。选择该方式,将返回上一视图,连续使用该命令,将逐步退回,直至前 10 个视图。

⑥ 比例(S):选择此方式,可根据需要按比例放大或缩小当前视图,且视图的中心点保持不变。选择该命令后,AutoCAD 要求输入缩放比例倍数。输入倍数的方法有两种:一是数字后加字母 X,表示相对于当前视图的缩放倍数;另一种是只有数字,该数字表示相对于图形界限的倍数,通常相对于视图缩放倍数更加直观,较为常用。

⑦ 窗口(W):该选项可直接用窗口方式选择下一视图区域。当选择框的高宽比与绘图的高宽比不同时,AutoCAD 将使用选择框宽与高宽相对当前视图放大倍数的较小者,以确保所选区域都能显示在视图中。

在 AutoCAD 中,用户启动缩放命令后有两种默认方式:一种是按回车键,确认动态缩放方式;另一种是在命令行提示下,用鼠标直接在绘图区进行窗口选择,从而对所选的目标部分进行放大。因此,可以说窗口方式也是缩放命令下的一种默认方式。

⑧ 实时:选择该选项后,在屏幕上出现一个放大镜形状的光标,此时便进入"缩放"的动态缩放命令。拖动鼠标,使放大镜在屏幕移动,便可动态地拖动图形进行视图缩放。动态缩放功能只是 AutoCAD 所提供的实时缩放命令中的功能之一。在动态缩放状态下,右击,屏幕上将弹出一个实时缩放快捷菜单,如图 1.59 所示。

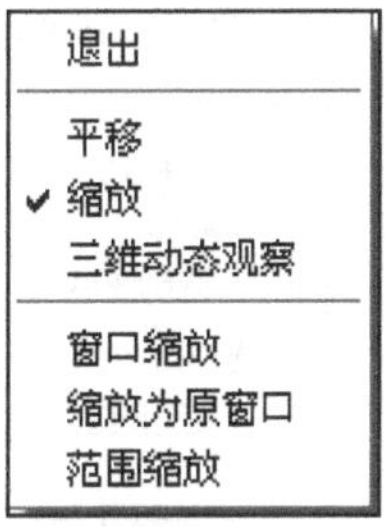

图 1.59 实时缩放快捷菜单

(2)使用工具栏按钮进行视图缩放

AutoCAD 为用户提供了 3 个视图缩放的工具按钮,这 3 个按钮在标准工具栏上或缩放工具栏上,位于帮助按钮的左侧。因此,用户可以直接选用工具按钮缩放视图。

① 实时缩放按钮:与缩放命令下的实时选项作用相同。

② 缩放嵌套按钮:单击按钮右下角的三角符号打开嵌套,如图 1.60 所示。

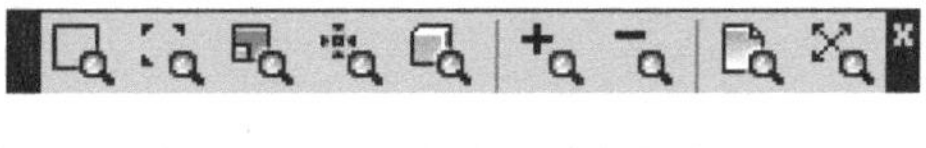

图 1.60 缩放嵌套按钮

③ 缩放上一个按钮:它与帮助按钮相邻,功能与缩放命令下的"上一个"项相同。

(3)使用菜单方式进行视图缩放

单击菜单"视图"→"缩放"菜单项,将打开一个级联菜单,如图 1.61 所示,该子菜单中的各命令选项与命令行输入 ZOOM 命令后出现的各选项相同。

注意：启动缩放的三种方式所使用的命令和功能都是一致的，只是启动方式不同而已。

2. 视窗平移

使用 AutoCAD 绘图时，当前图形文件中的所有图形并不一定全部显示在屏幕内，因为屏幕的大小有限，必然有许多在屏幕外面确实存在的实体。如果要看到在屏幕外的图形，可以使用平移命令。

(1) 启动平移命令的方法

- 菜单：视图→平移

弹出一个级联菜单，如图 1.62 所示，选择一个合适的命令，即可执行平移命令。

图 1.61 缩放级联菜单

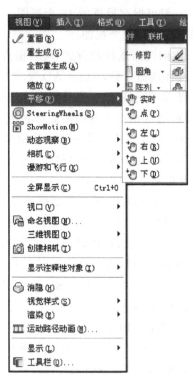

图 1.62 视图菜单下的平移子菜单

- 工具栏：按钮
- 命令行：PAN(或 P)↙

使用工具按钮和命令输入方式，只有一种平移方式，使用菜单选项会出现几个不同的选项。

(2) 选项说明

- 动态平移：单击该命令后，可直接用当前光标（手状）任意拖动视图，直到满意为止。
- 两点平移：该方式允许用户输入两个点，这两个点之间的方向和距离便是视图平移的方向和距离。
- 左、右、上、下：将视图向左、右、上、下分别移动一段距离，即在 X 和 Y 方向上移动视图。

3. 使用命名视图

用户可以在一张复杂的工程图纸上创建多个视图。当要观看、修改图纸上的某一部分视图时,再将该视图恢复出来即可。

(1) 命名视图

① 菜单:视图→命名视图

② 工具栏:视图→按钮

上面任何一种方法都可以打开"视图"对话框,如图 1.63 所示。

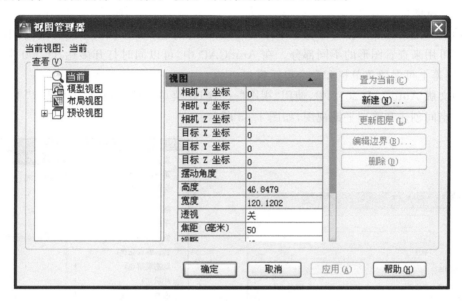

图 1.63 "视图管理器"对话框

在"视图管理器"对话框中可以创建、设置、更名或删除命名视图,各选项的含义如下:

- "当前"选项:显示当前视图及其"查看"和"剪裁"特性。
- "模型视图"选项:显示命名视图和相机视图列表,并列出选定视图的"常规""查看"和"剪裁"特性。
- "布局视图"选项:在定义视图的布局上显示视口列表,并列出选定视图的"常规"和"查看"特性。
- "预设视图"选项:显示正交视图和等轴测视图列表,并列出选定视图的"常规"特性。
- "视图"列表框:在该列表框中列出了当前图形中已经命名了的"视图名称""位置""UCS"及"透视"。
- "置为当前"按钮:单击该按钮,可以将选中的命名视图设置为当前视图。
- "新建"按钮:单击该按钮,打开"新建视图"对话框,如图 1.64 所示,通过该对话框可以创建新的命名视图,此时可设置视图名称,创建视图的区域(是当前视图还是重新定义)以及 UCS 设置。

(2) 使用命名视图

在 AutoCAD 中,可以一次命名多个视图,当需要重新使用一个已命名视图时,只需要将该视图恢复到当前视口即可。

命名视图时,首先在"视图"对话框中单击"新建"按钮打开"新建视图"对话框,并在"视图名称"文本框中输入视图名称,然后单击"确定"按钮,该视图名称将显示在"命名视图"选项卡的"当前视图"列表框中。

4. 使用视口

在绘图时,为了方便编辑,常常需要将图形的局部进行放大,以显示详细细节。当用户希望观察图形的整体效果时,仅仅使用单一的绘图视口已无法满足需要了。此时,可借助 AutoCAD 的平铺视口功能,将视图划分为若干视口。

(1) 平铺视口

平铺视口是指把绘图窗口分为多个矩形区域,从而创建多个不同的绘图区域,其中的每一个区域都可用来查看图形的不同部分。在 AutoCAD 中,可以同时打开多达 32 000 个可视视口,同时屏幕上可保留菜单栏和命令提示窗口。

在中文版 AutoCAD 2012 中,使用"视图"→"视口"菜单中的子命令,或"视口"工具栏,可以在模型空间创建和管理平铺视图,如图 1.65 所示。

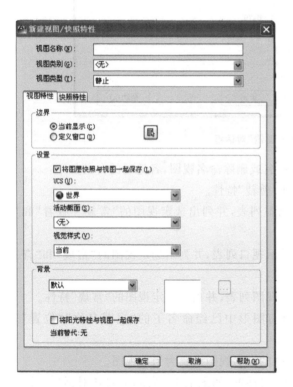

图 1.64 "新建视图"对话框

图 1.65 视口命令中的子命令和视口工具栏

当打开一个新图形时,默认情况下,将用一个单独的视口填满模型空间的整个绘图区域。而当系统变量 TILEMODE 被设置为 1 后(即在模型空间模式下),用户就可以将屏幕的绘图区域分割成多个平铺视口。在 AutoCAD 2012 中,平铺视口具有以下特点:

① 每个视口都可以进行平移和缩放,设置捕捉、栅格和用户坐标系等,且每个视口都可以

有独立的坐标系统。

② 在命令执行期间,可以通过单击不同视口区域实现视口之间的切换,以便在不同的视口中绘图。

③ 可以命名视口的配置,以便在模型空间中恢复视口或者将它们应用到布局。

④ 用户只能在当前视口中工作。要将某个视口设置为当前视口,只须单击该视口的任意位置。此时,当前视口的边框将加粗显示。

⑤ 只有在当前视口中光标才显示为十字光标,而当光标移出当前视口后,光标就变为一个箭头光标。

⑥ 当在平铺视口工作时,可全局控制所有视口中的图层可见性。如果在某一个视口中关闭了某一个图层,系统将关闭所有视口中的相应图层。

(2) 创建平铺视图

① 菜单:视图→视口→新建视口

② 工具栏:视口→按钮

上面任何一种方法都可以打开"视口"对话框(见图 1.66)。

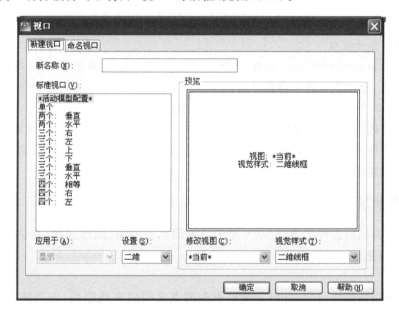

图 1.66 "视口"对话框

在"视口"对话框中,使用"新建视口"选项卡可以显示标准视口配置列表,还可以创建并设置新的平铺视口,该选项卡包括以下几个选项:

- "新名称"文本框:用于设置新创建的平铺视口的名称。
- "标准视口"列表框:用于显示用户可用的标准视口配置。
- "预览"选项区域:用于预览用户所选视口配置以及赋给每个视口的默认视图的预览图像。
- "应用于"下拉列表框:用于设置将所选的视口配置是用于整个显示屏幕还是当前视口。它有两个选项,其中"显示"选项用于设置将所选的视口配置用于当前视口。
- "设置"下拉列表框:用于指定 2D 或 3D 设置。如果选择 2D 选项,则使用视口中的当前视图来初始化视口配置;如果选择 3D 选项,则使用正交的视图来配置视口。
- "修改视图"下拉列表框:用于选择一个视口配置代替已选择的视口配置。
- "视觉样式"下拉列表框:将视觉样式应用到视口,将显示所有可用的视觉样式。

在"视口"对话框中,使用"命名视口"选择卡,可以显示图形中已命名的视口配置。选择一个视口配置后,该视口配置的布局情况将显示在预览窗口中,如图 1.67 所示。

图 1.67 "视口"对话框的"命名视口"选项卡

(3) 分割与合并视口

在中文版 AutoCAD 2012 中,选择"视图"→"视口"菜单中的某些子命令,可以在不改变视口显示的情况下,分割或合并当前窗口。
- 一个视口:将当前视口扩大到充满整个绘图窗口。
- 两个视口、三个视口、四个视口:将当前视口分割为 2 个、3 个或 4 个视口。
- 合并:选择该命令后,系统要求用户选择一个视口作为主视口,然后选择一个相邻视口,并将该视口与主视口合并。

1.6.4 图形信息查询

AutoCAD 提供的查询功能,可以方便用户查询两点距离、图形面积、点的坐标及实体属性列表等图形信息。

1. 距　离

AutoCAD 提供距离命令,可以方便地查询两点之间的直线距离,以及该直线与 X 轴的夹角。

(1) 输入命令的方法
- 菜单:工具→查询→距离
- 工具栏:查询→按钮
- 命令行:DIST↙或 DI↙

(2) 命令行提示

命令:DIST↙
指定第一点:选择第一点
指定第二点:选择第二点

此时,AutoCAD 显示如下信息:

距离 = 〈距离值〉,XY 平面中的倾角 = 〈角度值〉, 与 XY 平面的夹角〈角度值〉
X 增量 = 〈水平距离〉, Y 增量 = 〈垂直距离〉, Z 增量 = 〈Z 向距离〉

(3) 参数含义说明
- 距离:两点之间的距离。
- XY 平面中的倾角:两点之间的连线与 X 轴正方向的夹角。
- 与 XY 平面的夹角:该直线与 XY 平面的夹角。
- X 增量、Y 增量、Z 增量:两点在 X 轴、Y 轴、Z 轴三方向的坐标值之差。

2. 面　积

AutoCAD 提供的面积命令,允许用户查询由若干点所确定的封闭区域的面积和周长,而且用户还可对面积进行加减运算。

(1) 输入命令的方法
- 菜单:工具→查询→面积
- 工具栏:查询→按钮
- 命令行:AREA↙

(2) 命令行提示

命令:AREA↙
指定第一角点或[对象(O)/加(A)/减(S)]:
指定下一个角点或按 ENTER 键全选:

(3) 选项说明
- 指定第一角点:该选项是 AutoCAD 的默认选项,要求用户选择第一角点。用户选择第一角点后,AutoCAD 将反复提示:

指定下一角点或按 ENTER 键全选:

要求用户选择下一点,直到按回车键为止。AutoCAD 将根据各点的连线所围成的封闭区域来计算面积和周长。此时将报告如下信息:

面积 = 计算出来的面积,周长 = 计算出来的周长

- 对象:该选项允许用户查询由指定实体所围成区域的面积。输入 O 并按回车键,AutoCAD 将提示:

选择对象:

选择实体。选择实体后显示如下信息:

面积 = 计算出来的面积,周长 = 计算出来的周长

- 加:面积加法运算,即将新选图形实体的面积加入总面积中。输入 A 并按回车键后,将出现如下提示:

指定第一角点或[对象(O)/减(S)]:

用户可采用"指定第一角点"或"对象方式"来选择某个区域,也可执行"减"选项。计算所选实体的面积和周长时,AutoCAD 将提示:

面积＝计算出来的面积,周长＝计算出来的周长,
总面积＝计算出来的总面积,
指定第一点或〔对象(O)/减(S)〕:

在此提示符下用户可用"指向第一角点"或"对象"方式来选择新区域,以进行面积的加法运算。选择"减"选项可以进入面积减法运算。

3. 坐　标

AutoCAD 利用 ID 命令来查询指定点的坐标。

(1) 输入命令的方法

- 菜单:工具→查询→坐标点。
- 工具栏:查询→按钮 。
- 命令行:ID↙

(2) 命令行提示

命令:ID↙
指定点:选择一点

选择一点后 AutoCAD 报告如下信息:

X:〈X 坐标值〉,Y:〈Y 坐标值〉,Z:〈Z 坐标值〉

4. 实体特性参数

AutoCAD 提供的 LIST 命令可以用来查询所选实体的类型、所属图层、空间等特性参数。

(1) 输入命令的方法

- 菜单:工具→查询→列表
- 工具栏:查询→按钮
- 命令行:LIST↙ 或 LS↙

(2) 命令行提示

命令:LIST↙
选择对象:

用户选择完毕后,AutoCAD 将自动切换到文本窗口,并滚动显示所选实体的有关特性参数。

5. 图形文件特性信息

AutoCAD 利用 STATUS 命令查询当前图形文件的图形范围、绘图功能及参数设置、磁盘利用空间等信息。

(1) 输入命令的方法

- 菜单:工具→查询→状态
- 命令行:STATUS↙

(2) 命令行提示

命令:STATUS↙

启动 STATUS 命令后,AutoCAD 将自动切换到文本窗口,并滚动显示当前图形文件的如下特性信息:

- 当前图形文件中实体目标的个数。
- 模型或图纸空间的图形界限,该界限就是由 limits 命令所设置的左下角和右上角的 X、Y 坐标值。
- 当前图形文件的插入点坐标。
- 捕捉功能的 X、Y 方向的间距。
- 栅格功能的 X、Y 间距。
- 当前空间是图纸空间还是模型空间。
- 当前图层。
- 当前颜色。
- 当前线型。
- 当前高度。
- 状态栏等开关变量的当前值(是开还是关)。
- 当前厚度。
- 当前目标捕捉的状态。
- 当前所剩余的磁盘空间。
- 当前视窗的显示范围。
- 当前所剩余的物理内存。
- 当前所剩余的文件交换空间。

项目小结

项目一主要介绍了 AutoCAD 的一些基本知识,如启动 AutoCAD 2012,设置绘图环境、图层、坐标系、辅助绘图等,其中,图层设置和辅助绘图是重点内容,要求熟练运用。通过本项目的学习,可以为绘图和编辑图形打下良好的基础。

习 题

1. 利用 AutoCAD 2012 绘图时,如何设置绘图比例和绘图单位?
2. 什么是图层?它有哪些属性和状态?
3. 如何在当前图形文件中加载线型?
4. 如何改变绘图窗口的背景颜色?
5. 精确输入点的方法有哪些?
6. 捕捉功能有哪些?它们的区别是什么?
7. 模型空间和图纸空间的概念是什么?二者之间有何区别?各有什么用途?
8. 缩放命令中全部(A)选项与范围(E)选项有何不同?
9. 如何查询矩形的边长和面积?
10. 在自动跟踪中,如何设置 51°角?

进 阶 篇

项目二　挂架平面图形绘制

【项目说明】

根据图纸要求独立完成以下工作:创建图层,绘制适合的图形及标题栏,填写相关文字。使用直线、圆、正多边形、剖面线等命令绘制图形,利用修剪、偏移等命令编辑图形,按照图纸所示准确标注图形,完成挂架平面图形的绘制(见图 2.1)。

【知识目标】

- ◆ 掌握绘制各种图线的方法;
- ◆ 掌握图形面域的使用方法和图案填充的方法;
- ◆ 掌握文本注释的方法。

【能力目标】

- ◆ 具备绘制各种图形线条的能力;
- ◆ 具备使用面域进行图形绘制的能力;
- ◆ 能利用文本注释工具进行文字书写。

任务 1　绘制点

二维绘图命令可以通过单击图 2.2 所示的绘制工具栏图标或绘图下拉菜单输入,也可以用键盘在命令行直接输入命令名。

注意:在 AutoCAD 里单击每个▼符号都有下拉菜单,如图 2.2(b)所示,其中单击◎打开锁住菜单,单击▣打开松开菜单。

在 AutoCAD 2012 中可以绘制单个点和多个点,还可以在指定对象上绘制定距和定数等分点。

2.1.1　点

1. 输入命令的方法

- 菜单:绘图→点→单个点或多个点
- 工具栏:绘图→按钮 ·

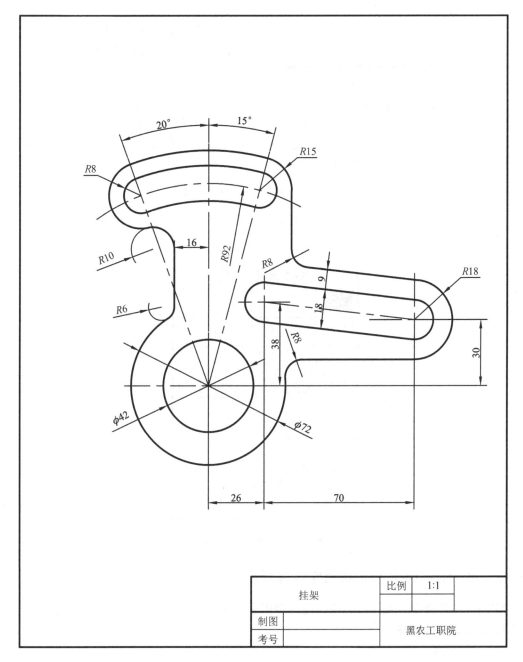

图 2.1 挂架平面图形

- 命令行：POINT↵

2. 点的标记符号

点可以有不同的显示特征,如图 2.3 所示。单击下拉菜单的"格式"→"点样式"或直接在命令行输入 DDPTYPE 命令均可打开该对话框。

单击对话框中的任一标记符号,即选定该符号作为点的显示标记。"点大小"右边的文本框用于输入点标记的尺寸数值,其数值可以用绝对尺寸或点标记占屏幕尺寸的百分比两种形

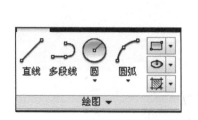
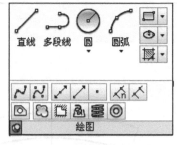

(a) 绘图工具栏　　　　　　　　(b) 绘图下拉菜单

图 2.2　二维绘图的工具栏和下拉菜单

式给定,用户可以单击左下方的两个单选按钮来选定数值的给定方式(相对于屏幕设置大小、按绝对单位设置大小)。

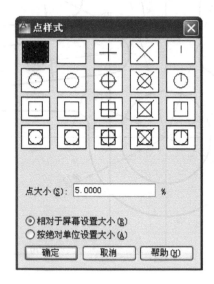

图 2.3　"点样式"对话框

2.1.2　用 MEASURE 命令绘制定距等分点

MEASURE 命令将点(或块)按指定的距离放置在对象上。

1. 输入命令的方法

- 菜单:绘图→点→定距等分
- 工具栏:绘图→按钮
- 命令行:MEASURE↵

2. 命令行提示

选择要定距等分的对象:
指定线段长度或[块 B]:

如果指定距离,则 AutoCAD 等距离地将点放置在选定的对象上。如果输入"B",则插入块,AutoCAD 在各等距点处放置一个图块。

注意:选择等分对象时,鼠标标靶靠近指定对象的哪一端,等分就从哪一端开始。

2.1.3 用 DIVIDE 命令绘制定数等分点

DIVIDE 命令用于等分一个选定的实体,并在等分点处放置标记符号或图块。

1. 输入命令的方法

- 菜单:绘图→点→定数等分
- 工具栏:绘图→按钮 ⚀
- 命令行:DIVIDE↙

2. 命令行提示

选择要定数等分的对象:
输入线段数目或[块(B)]:

如果输入数字,则 AutoCAD 按输入的数字等分选定对象,并在等分点上绘制点标记。如果输入"B",则 AutoCAD 将在等分点上插入块。

注意:

① 只有直线、弧、圆、多义线可以等分;否则,系统会提示:不能等分该实体。

② 设置等分点的实体并没有被划分成断开的分段,而是在实体上的等分点处放置点标记,这些标记可以用作目标捕捉的节点。

③ 用户输入的是等分段数,而不是放置点的个数。

任务 2 绘 制 线

2.2.1 直 线

直线命令是绘图操作中使用频率最高的命令,它可以按用户给定的起点和终点绘制直线或折线。用户可以通过键盘输入起点和终点的坐标,也可以在绘图区内将光标移到点所在的位置,单击即可输入该点的坐标。

1. 输入命令的方法

- 菜单:绘图→直线
- 工具栏:绘图→按钮 ⚀
- 命令行:LINE↙

2. 命令行提示

指定第一点:
指定下一点或[放弃(U)]:
指定下一点或[放弃(U)]:
指定下一点或[闭合(C)/放弃(U)]:

3. 选项说明

- 指定下一点:指定直线段的下一个端点。
- 闭合(C):将本命令生成的各直线组成的图形封闭起来,即将最后一点与第一点连接。

只有在绘制了两段直线以后才出现该选项。
- 放弃(U):取消上一步操作。

4. 绘图练习

以(100,100)为起点坐标,用极坐标绘制一个长为 150 的五角星。

命令:line↙
指定第一点:100,100↙
指定下一点或[放弃(U)]:@150<0↙
指定下一点或[放弃(U)]:@150<216↙
指定下一点或[闭合(C)/放弃(U)]:@150<72↙
指定下一点或[闭合(C)/放弃(U)]:@150<288↙
指定下一点或[闭合(C)/放弃(U)]:c↙

图 2.4 直线练习

结果如图 2.4 所示。

2.2.2 多段线

多段线是作为单一对象创建的首尾相连直线段和弧线序列,如图 2.5 所示。各连接点处的线宽可在绘图过程中设置(要一次编辑所有线段就要使用多段线)。

1. 输入命令的方法
- 菜单:绘图→多段线
- 工具栏:绘图→按钮⤴
- 命令行:PLINE↙

2. 命令行提示

指定起点:
指定下一个点或[圆弧(A)/半宽(H)/长度(L)/放弃(U)/宽度(W)]:

3. 选项说明
- 圆弧(A):从直线多段线切换到画弧多段线并显示一些提示选项。当用户选择 A 时,切换到画弧的状态,命令行出现提示:

指定圆弧的端点或[角度(A)/圆心(CE)/方向(D)/半宽(H)/直线(L)/半径(R)/第二个点(S)/放弃(U)/宽度(W)]:

按照提示可继续选择命令,直到按回车键结束命令为止。
- 闭合(C):用直线或弧封闭多段线并结束该命令。
- 半宽(H):设置多段线的半宽。
- 长度(L):给定新多段线的长度,延长方向为前一段直线的方向或前一段弧终点的切线方向。
- 放弃(U):取消上一步操作。
- 宽度(W):设置多段线的宽度。多段线的初始宽度和终止宽度可以不同,而且可以全段设置。

4. 绘图实例

命令:PLINE↙
指定起点(Specify start point):20,40↙
指定下一个点或[圆弧(A)/半宽(H)/长度(L)/放弃(U)/宽度(W)]:W↙
指定起点宽度<0.0000>:4↙
指定端点宽度<4.0000>:4↙
指点下一个点或[圆弧(A)/半宽(H)/长度(L)/放弃(U)/宽度(W)]:50,0↙
指点下一个点或[圆弧(A)/闭合(C)/半宽(H)/长度(L)/放弃(U)/宽度(W)]:A↙
指定圆弧端点或[角度(A)/圆心(CE)/方向(D)/半宽(H)/直线(L)/半径(R)/第二个点(S)/放弃(U)/宽度(W)]:W↙
指定起点宽度:4↙
指定端点宽度:1↙
指定圆弧端点或[角度(A)/圆心(CE)/闭合(CL)/方向(D)/半宽(H)/直线(L)/半径(R)/第二个点(S)/放弃(U)/宽度(W)]:0,.10↙
指定圆弧端点或[角度(A)/圆心(CE)/闭合(CL)/方向(D)/半宽(H)/直线(L)/半径(R)/第二个点(S)/放弃(U)/宽度(W)]:L↙
指点下一个点或[圆弧(A)/闭合(C)/半宽(H)/长度(L)/放弃(U)/宽度(W)]:.50,0↙

结果如图 2.5 所示。

注意:多段线在 AutoCAD 2012 中默认的坐标为相对坐标。

图 2.5　多段线示例图

2.2.3　构造线

构造线是向两端无限延伸的直线。通常用于绘制三视图时,作为长对正、高平齐、宽相等的辅助线。

1. 输入命令的方法

- 菜单:绘图→构造线
- 工具栏:绘图→按钮
- 命令行:XLINE↙

2. 命令行提示

Xline 指定点或[水平(H)/垂直(V)/角度(A)/二等分(B)/偏移(O)]:

3. 选项说明

- 水平(H):用于绘制通过给定点的水平构造线。
- 垂直(V):用于绘制通过给定点的铅垂构造线。
- 角度(A):用于绘制给定角度的构造线。
- 二等分(B):用于绘制给定角的角平分线。
- 偏移(O):用于绘制按给定相对基线的偏移量的构造线。

2.2.4 射　线

射线是从指定起点向某一方向无限延伸的直线。通常仅作为辅助线使用。

1. 输入命令的方法

- 菜单：绘图→射线
- 工具栏：绘图→按钮
- 命令行：RAY↵

2. 命令行提示

指定起点：
指定通过点：

命令行会继续提示"指定通过点："，输入通过点后，则会继续画出与第一条线具有相同起点的射线。

按下 Esc 键，将退出绘制射线的命令。

注意：在 AutoCAD 中，一般情况下均可以通过右击、按下回车键、按下空格键、按下退出(Esc)键 4 种方式退出命令操作。

2.2.5 多　线

多线由若干条平行线组成，系统默认的多线数为两条。操作方法是输入命令后，给定多线的起点和终点。该命令一般用于绘制公路、墙等由两条或多条平行线组成的对象。

1. 输入命令的方法

- 菜单：绘图→多线
- 命令行：MLINE↵

2. 命令行提示

当前设置：对正 = 上，比例 = 20，样式 = 当前样式
指定起点或[对正(J)/比例(S)/样式(ST)]：

第一行显示了多线的当前设置，包括对正方式、偏移比例、线型样式等。第二行提示用户输入多线起点或其他选项。如果指定起点，AutoCAD 会不断提示输入下一点，逐段绘制出多线。

3. 选项说明

- 对正(J)：该选项决定了用户指定的顶点与多线之间的对正类型。有三种对正类型可供选择："上(T)""无(Z)""下(B)"。"上"表示向上对齐，即多线中的每个元素都位于指定点的右下方；"无"表示偏移为 0，即指定点位于多线的中心线上；"下"表示向下对齐，即每个元素都位于指定点的左上方。其含义如图 2.6 所示。
- 比例(S)：设置多线的偏移比例。例如，对于偏移量为 1 的元素，如果比例为 5，则实际绘制的偏移量为 5。
- 样式(ST)：可以通过输入多线样式的名称来指定多线的样式。

4. 创建多线样式

多线样式与线型有些类似，它们都决定了线的外在特征，并都以文件的形式保存。默认情

(a) "上"选项　　　　　　(b) "无"选项　　　　　　(c) "下"选项

图 2.6　多线对正的三种方式

况下,AutoCAD 将多线样式保存在 Acad.mln 文件中。用户可以创建自己的.mln 文件来保存多线样式。

多线最多可以包含 16 条直线(称为元素)。多线样式控制着元素的数目以及每个元素的特性、背景颜色、端点的封闭形状等。创建或编辑多线样式使用 MLSTYLE 命令。

命令输入方法:

- 菜单:格式→多线样式
- 命令行:MLSTYLE✓

激活该命令均可弹出"多线样式"对话框,如图 2.7 所示。定义和编辑多线样式都是通过这个对话框来完成的。

图 2.7　"多线样式"对话框

对话框控件说明:

① 当前的多线样式名称为 STANDARD,后面的所有编辑操作均针对当前样式。也可以

输入新建的样式名称。对于新建样式,要选择"置为当前"使其成为当前样式后,才可以设置其特征。

② 说明:在此可以为多线样式添加说明文字(最多可以输入 255 个字符)。

③ 加载:从多线样式文件(.mln)中装入指定的样式。单击该按钮 AutoCAD 将弹出"加载多线样式"对话框(见图 2.8),该对话框显示了 Acad.mln 文件中保存的多线样式,从中选择一个样式后单击"确定"即装入了该样式。装入后的多线样式将显示在"当前"列表中。单击"文件"按钮可以选择其他.mln 文件。

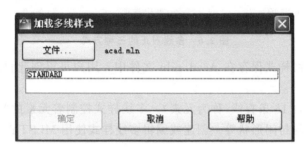

图 2.8 "加载多线样式"对话框

④ 保存:将"名称"中的多线样式保存到多线样式文件中。

⑤ 重命名:重新命名多线样式。重命名时必须在"名称"部分输入新的名称。

⑥ 修改:修改当前样式参数及说明。单击该按钮将弹出"修改多线样式"对话框,如图 2.9 所示。在该对话框中可以设置多线各元素的属性,包括元素个数、偏移量、颜色和线型。简要说明如下:

- 图元:该列表框中显示了当前多线的所有元素及其偏移量、颜色和线型。
- 添加:添加新的多线元素。
- 删除:删除在"元素"列表框中选定的多线元素。

图 2.9 "修改多线样式"对话框

- 偏移：设置选定元素的偏移量。
- 颜色：弹出"选择颜色"对话框，用户可在此选择元素的颜色。
- 线型：弹出"选择线型"对话框，用户可在此选择元素的线型。
- 封口：该部分的 4 个子项用于控制多线起点和终点的外观。
- 填充：控制是否多线填充以及控制要填充的颜色。

2.2.6　绘制或修订云线

修订云线命令用于创建由连续圆弧组成的多段线。在检查或用红线圈阅图形时，可以使用修订云线功能亮显标记，以提高工作效率。

1．输入命令的方法

- 工具栏：绘图→按钮
- 命令行：REVCLOUD↙

2．命令行提示

指定起点或[弧长(A)/对象(O)]<对象>：

3．选项说明

① 指定起点：光标移到绘图窗口内单击即执行该选项，此时命令行提示：

沿云线路径引导十字光标…

移动十字光标，即可绘制云线。右击或按回车键停止云线的绘制，云线可选择反转。
要绘制闭合云线，拖动鼠标返回到它的起点即可，如图 2.10 所示。

图 2.10　绘制与修订云线

② 弧长(A)：可以设置云线的最小和最大弧长，然后可以绘制或者修订云线。默认的弧长最小值和最大值均为 0.500 0 个单位。弧长的最大值不能超过最小值的 3 倍。

③ 对象(O)：可以将矩形、圆、椭圆等闭合对象转化为云线。

2.2.7　绘制徒手线

徒手线是由很短的直线段(默认时，AutoCAD 给定的是 1 个单位)组成的，它可以绘制不规则的边界线或图线。

1．输入命令的方法

- 命令行：SKETCH↙

2．命令行提示

增量<1.0000>；公差<0.5000>

指定草图.类型(T)/增量(I)/公差(L)

3. 选项说明

① 指定草图：提笔和落笔。单击，此时移动鼠标可以绘制徒手线；再次单击，此时将停止绘制徒手线。

② 类型(T)：修改草图类型，有直线、多线段、样条曲线类型可选择。

③ 增量(I)：修改草图增量值。

④ 公差(L)：修改草图曲线拟合公差。

任务3 绘制圆

圆命令可以用来绘制圆。该命令提供了多个选项，以便用户选择不同的方式画圆。

输入命令的方法：

- 菜单：绘图→圆
- 工具栏：绘图→按钮 ⊙
- 命令行：CIRCLE↙

1. "圆心—半径"方式画圆

通过指定圆心坐标和半径长度来绘制圆。以下命令可绘制圆心坐标为(50,50)，半径为10的圆，如图2.11所示。

命令：circle↙
指定圆的圆心或[三点(3P)/两点(2P)/相切、相切、半径(T)]:50,50↙
指定圆的半径或[直径(D)]:10↙

2. "圆心—直径"方式画圆

通过指定圆心坐标和直径长度来绘制圆。以下命令可绘制圆心坐标为(50,50)，直径为20的圆，如图2.12所示。

命令：circle↙
指定圆的圆心或[三点(3P)/两点(2P)/相切、相切、半径(T)]:50,50↙
指定圆的半径或[直径(D)]<10>:d↙
指定圆的直径<20>:20↙

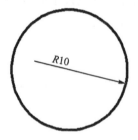
图2.11 圆心、半径画圆

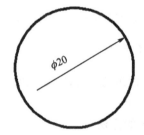
图2.12 圆心、直径画圆

3. "两点"方式画圆

通过指定直径的两个端点来绘制圆。

工具栏:绘图→按钮⊙两点

命令:circle↵
指定圆的圆心或[三点(3P)/两点(2P)/相切、相切、半径(T)]:2P↵
指定圆直径的第一个端点:A↵
指定圆直径的第二个端点:B↵

"两点"方式画出的圆如图 2.13 所示。

4. "三点"方式画圆

通过指定圆周上 3 个点来绘制圆。

工具栏:绘图→按钮⊙三点

命令:circle↵
指定圆的圆心或[三点(3P)/两点(2P)/相切、相切、半径(T)]:3P↵
指定圆上的第一个点:A↵
指定圆上的第二个点:B↵
指定圆上的第三个点:C

"三点"方式画出的圆如图 2.14 所示。

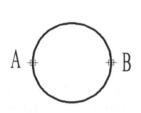
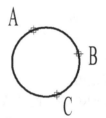

图 2.13　两点画圆　　　　图 2.14　三点画圆

5. "切点—切点—半径"方式画圆

当要绘制与两个线性对象都相切的圆时,可以使用该方式。该方式要求用户指定和圆相切的两个对象以及圆半径的长度。在某些情况下这个圆可能不存在,AutoCAD 会提示这个错误信息并结束圆命令。下面的命令可绘制与两条已知线段相切,半径为 30 的圆,如图 2.15 所示。

工具栏:绘图→按钮⊙

命令:circle↵
指定圆的圆心或[三点(3P)/两点(2P)/相切、相切、半径(T)]:t↵
指定第一个与圆相切的对象:A↵
指定第二个与圆相切的对象:B↵
指定圆的半径<10>:30↵

6. "切点—切点—切点"方式画圆

三切点方式画圆其实是三点方式画圆的一种特殊情况,只是系统自动计算出 3 个切点,而不是用户直接拾取 3 个切点。

该画圆方式可以工具栏:绘图→按钮⊙;也可以在三点画圆方式下,在输入三点中的每一点时都先输入 tan 后,再选择相切对象即可。

图 2.16 中的圆 A、B 和 C 是在绘制三切点圆之前已经绘制的三个实体。

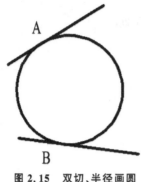
图 2.15 双切、半径画圆

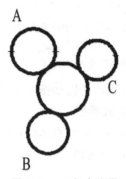
图 2.16 三切点定圆

任务 4 绘制圆弧

绘制圆弧使用 ARC 命令,AutoCAD 同样提供了多种画弧方式,如图 2.17 所示。
输入命令的方法:
- 菜单:绘图→圆弧
- 工具栏:绘图→按钮
- 命令行:ARC↙

1. "三点"方式画弧

"三点"方式是 ARC 命令的默认画圆方式,是以后学习中最常用的一种画弧方式。该方式根据 3 个点来确定圆弧,第一个点为圆弧起点,第二个点为圆弧上的任意点,第三个点为圆弧的终点。

命令:ARC↙
指定圆弧的起点或[圆心(C)]:拾取 A↙
指定圆弧的第二个点或[圆心(C)/端点(E)]:拾取 B↙
指定圆弧的端点:拾取 C↙

由"三点"方式绘制的弧如图 2.18 所示。

2. "起点—圆心—端点"方式画弧

该方式从起点开始,沿逆时针向终点方向绘制圆弧。

命令:ARC↙
指定圆弧的起点或[圆心(C)]:拾取 A↙
指定圆弧的第二个点或[圆心(C)/端点(E)]:C↙
指定圆弧的圆心:拾取 B↙
指定圆弧的端点或[角度(A)/弦长(L)]:拾取 C

"起点—圆心—端点"方式绘制的弧如图 2.19 所示。

3. "起点—圆心—角度"方式画弧

该方式从起点开始,沿逆时针或顺时针方式绘制一段弧,该段弧对应的圆心角由用户指定,当圆心角为正数时沿逆时针方向绘制,为负数时沿顺时针方向绘制。

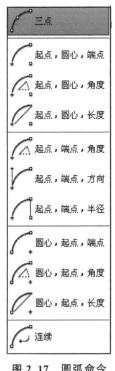

图 2.17 圆弧命令

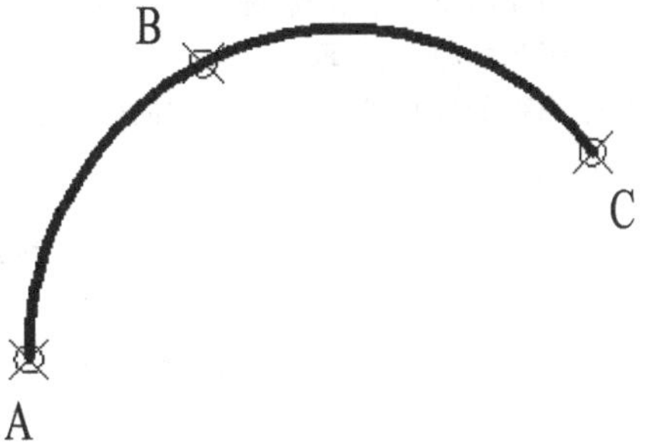

图 2.18 三点定弧

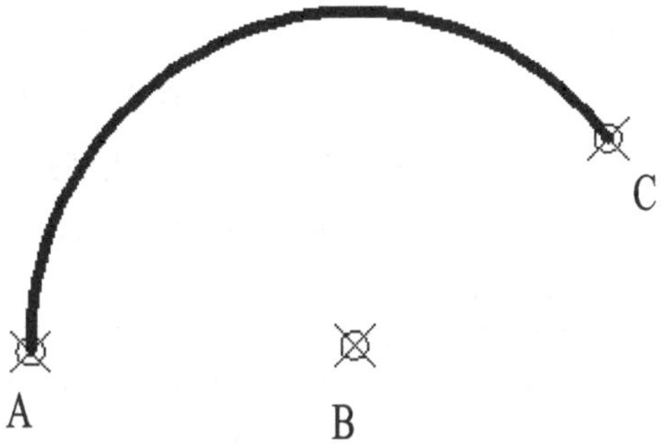

图 2.19 "起点—圆心—端点"方式画弧

命令:ARC↙
指定圆弧的起点或[圆心(C)]:拾取 A↙
指定圆弧的第二个点或[圆心(C)/端点(E)]:c↙
指定圆弧的圆心:拾取 B↙
指定圆弧的端点或[角度(A)/弦长(L)]:a↙
指定包含角:71°↙

4."起点—圆心—长度"方式画弧

用该方式画弧时,圆弧总是沿逆时针方向绘制。当弦长为正数时将绘制劣弧,为负数时将绘制优弧。

命令:ARC↙
指定圆弧的起点或[圆心(C)]:拾取 A↙
指定圆弧的第二个点或[圆心(C)/端点(E)]:c↙
指定圆弧的圆心:拾取 B↙
指定圆弧的端点或[角度(A)/弦长(L)]:l↙
指定弦长:.50↙

5."起点—终点—圆心角"方式画弧

在该方式下,AutoCAD 从起点到终点绘制一段圆弧。圆弧对应的圆心角由用户指定,当圆心角为正数时沿逆时针方向绘制,为负数时沿顺时针方向绘制。

命令:ARC↙
指定圆弧的起点或[圆心(C)]:拾取 A↙

指定圆弧的第二个点或[圆心(C)/端点(E)]:e↙
指定圆弧的端点:拾取 B↙
指定圆弧的圆心或[角度(A)/方向(D)/半径(R)]:a↙
指定包含角:45°↙

"起点—终点—圆心角"方式绘制的弧如图 2.20 所示。

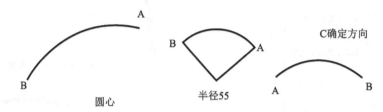

图 2.20 "起点—终点—圆心角"方式画弧

6. "起点—终点—方向"方式画弧

在该方式下,AutoCAD 在起点、终点之间绘制圆弧,要求用户指定起点处的切线方向。

命令:ARC↙
指定圆弧的起点或[圆心(C)]:拾取 A↙
指定圆弧的第二个点或[圆心(C)/端点(E)]:e↙
指定圆弧的端点:拾取 B↙
指定圆弧的圆心或[角度(A)/方向(D)/半径(R)]:d↙
指定圆弧的起点切向:C↙

7. "起点—终点—半径"方式画弧

该方式从起点到终点按照逆时针方向绘制一段圆弧。半径由用户指定,当半径为正数时绘制劣弧,为负数时绘制优弧。

命令:ARC↙
指定圆弧的起点或[圆心(C)]:拾取 A↙
指定圆弧的第二个点或[圆心(C)/端点(E)]:e↙
指定圆弧的端点:拾取 B↙
指定圆弧的圆心或[角度(A)/方向(D)/半径(R)]:r↙
指定圆弧的半径:55↙

8. "圆心—起点—终点"方式画弧

该方式同"起点—圆心—终点"方式类似,只是指定的第一点是圆心而不是起点。

9. "圆心—起点—圆心角"方式画弧

该方式与"起点—圆心—圆心角"方式类似。

10. "圆心—起点—弦长"方式画弧

该方式与"起点—圆心—弦长"方式类似。

11. "绘制连续圆弧"方式画弧

通过选择圆弧的起点或中心开始,最后通过终点绘制连续圆弧。

任务 5 绘制椭圆和椭圆弧

根据已知条件,可用 ELLIPSE 命令选择多种方式画椭圆或椭圆弧。椭圆由定义其长度和宽度的两条轴决定。较长的轴称为长轴,较短的轴称为短轴,如图2.21所示。

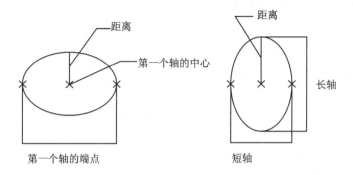

图 2.21 不同的旋转角生成的椭圆

1. 输入命令的方法
- 菜单:绘图→椭圆
- 工具栏:绘图→按钮 ⊙
- 命令行:ELLIPSE✓

命令:ELLIPSE✓
指定椭圆的轴端点或[圆弧(A)/中心点(C)]:

如果在此提示下直接指定一点,AutoCAD将其作为长轴或短轴的第一端点,之后提示用户输入第二个端点,这样就确定了椭圆的一个轴,然后提示:

指定轴的另一个端点:
指定另一条半轴长度或[旋转(R)]:

若不直接指定半轴长度,而输入"R",则提示行出现:

指定绕长轴旋转的角度:

输入角度值后生成的椭圆是将一个直径为椭圆长轴的圆绕长轴旋转,此时应给出一个角度值:从0~89°范围内选取,输入0°为圆,输入90°视为非法,无图形。

图2.22列举了不同的旋转角度生成的椭圆。

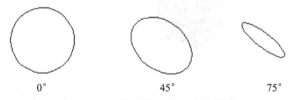

图 2.22 不同的旋转角生成的椭圆

2. 选项说明
- 圆弧(A):该选项用于绘制椭圆弧,选择该选项后 AutoCAD 提示:

指定椭圆弧的轴端点或[中心点(C)]:

这一提示与前面的画椭圆的提示相同,要求输入椭圆的轴端点或中心点来绘制椭圆。在确定了椭圆以后,系统将提示绘制椭圆弧的有关操作。

指定起始角度或[参数(P)]:
指定终止角度或[参数(P)/包含角度(I)]:

依次响应了上面的提示后,AutoCAD 将创建相应的椭圆弧。

- 中心点(C):选择该选项后,AutoCAD 提示输入椭圆的中心点,之后提示输入某一轴的端点。这样就确定了椭圆的一个半轴,后面的操作过程与"指定椭圆弧的轴端点"选项相同。

任务6　绘制填充图形

圆环命令可创建圆环或实体填充圆。

1. 输入命令的方法
- 菜单:绘图→圆环
- 工具栏:绘图→按钮 ◎
- 命令行:DONUT↙

2. 命令行提示

指定圆环的内径<0.5000>:
指定圆环的外径<<1.0000>>:
指定圆环的中心点或<退出>:

AutoCAD 会反复提示最后一句,因此可以绘制多个实心圆环,直到用户空响应提示结束。
图 2.23(a)所示为内径为 100,外径为 150 的圆环。若输入内径为 0,则绘制实心圆,如图 2.23(b)所示。

3. 利用填充命令控制是否填充圆环

填充命令的使用方法如下:

命令:FILL↙
输入模式[开(ON)/关(OFF)]<开>:

输入 ON 并按回车键,则打开填充模式;输入 OFF 并按回车键,则关闭填充模式。图 2.24 为关闭填充模式时绘制的圆环。

(a) 填充圆环　　　　(b) 实心圆

图 2.23　打开填充模式绘制圆环　　　　图 2.24　关闭填充模式绘制圆环

任务7　绘制多边形

2.7.1　矩　形

用 RECTANG 命令绘制矩形时只需要给定矩形对角线上的两个端点即可,矩形各边的线宽由多义线(PLINE)命令定义。

1. 输入命令的方法

- 菜单:绘图→矩形
- 工具栏:绘图→按钮 ▭
- 命令行:RECTANG↙

2. 命令行提示

指定第一个角点或[倒角(C)/标高(E)/圆角(F)/厚度(T)/宽度(W)]:

3. 选项说明

- 第一个角点:该选项提示用户指定矩形框的第一个角点,指定该角点之后,系统将提示输入第二个角点,然后以这两个角点为对角线的端点绘制矩形。
- 倒角(C):设置矩形框四角为直线倒角,并指定倒角直线在矩形边上的距离。
- 标高(E):指定矩形在三维空间的标高。以后执行 RECTANG 命令时将使用此值作为默认标高。
- 圆角(F):设置矩形四角为圆角并指定圆角半径。
- 厚度(T):指定矩形的厚度。以后执行 RECTANG 命令时将使用此值作为默认厚度。
- 宽度(W):指定矩形多段线的宽度。

2.7.2 正多边形

画正多边形时首先输入边数,再选择按边或按中心来画,若按中心,则又分为按外接圆半径或内切圆半径两种画法,如图 2.25 所示。

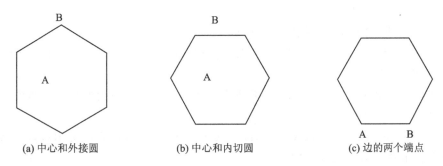

(a) 中心和外接圆　　　　(b) 中心和内切圆　　　　(c) 边的两个端点

图 2.25　正多边形的三种画法

1. 输入命令的方法

- 菜单:绘图→正多边形
- 工具栏:绘图→按钮 ⬠
- 命令行:POLYGON↙

2. 命令行提示

输入边的数目<4>:
指定正多边形的中心点或[边(E)]:
输入选项[内接于圆(I)/外切于圆(C)]:
指定圆的半径:

若指定边画正多边形,则在以上提示的第二行输入 E,然后拾取边的两个端点 A、B,系统按 A、B 顺序以逆时针方向绘制正多边形。

任务 8 样条曲线和面域

2.8.1 样条曲线拟合

样条曲线是按照给定的某些数据点(控制点)拟合生成的光滑曲线,它可以是二维曲线或三维曲线。样条曲线最少应有三个顶点,在机械图样中样条曲线常用来绘制波浪线、凸轮曲线等。

1. 输入命令的方法

- 菜单:绘图→样条曲线拟合
- 工具栏:绘图→按钮 ∿
- 命令行:SPLINE✓

2. 命令行提示

指定第一个点或[方式(M)/节点(K)/对象(O)]:

3. 选项说明

① 指定第一个点:如果指定了一个点,AutoCAD 会提示输入下一点,并在光标当前位置动态显示橡皮筋线,接着提示:

指定下一点或[<起点切向 T>/公差(L)]:

- 下一点:不断输入样条曲线的下一个点。
- 闭合(C):闭合样条曲线,并要求指定闭合点处的切线方向,如果按回车键,则用默认方式确定切线方向。
- 公差(L):输入拟合公差。拟合公差决定了曲线和数据点的接近程度。如果输入 0,则曲线通过所有的数据点。
- 起点切向:进入该选项后,AutoCAD 要求用户指定一个点,系统会用该点来确定曲线的起点和终点处的切线方向。

图 2.26(a)中 5 点和 6 点为曲线的起点和终点的切向方向,图 2.26(b)中 5 点和 6 点是用空回车回答的。

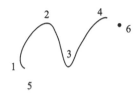
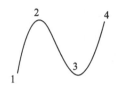

(a) 用 5 点和 6 点指定起点和终点的切线方向　　(b) 5 点和 6 点用空回车响应

图 2.26　样条曲线拟合

② 对象(O)：执行该选项，可以将样条曲线拟合的多段线转换为真正的样条曲线。

在"指定第一个点或[对象(O)]："提示后，在键盘上输入"O"并按回车键，此时命令行提示：

选择要转换为样条曲线的对象

可以继续选择对象，按回车键停止选择，所选择的对象被转换为样条曲线。

2.8.2 样条曲线控制点

样条曲线是按照给定的某些数据点(控制点)拟合生成的光滑曲线，它可以是二维曲线或三维曲线。样条曲线最少应有三个顶点，在机械图样中常用来绘制波浪线、凸轮曲线等。

1．输入命令的方法

- 菜单：绘图→样条曲线控制点
- 工具栏：绘图→按钮

2．命令行提示

指定第一个点或[方式(M)/阶数(D)/对象(O)]：

3．选项说明

指定第一个点：如果指定了一个点，AutoCAD 会提示输入下一点，并在光标当前位置动态显示橡皮筋线，接着提示：

指定下一点或[＜闭合 C＞/放弃(U)]：

- 下一点：不断输入样条曲线的下一个点。
- 闭合(C)：闭合样条曲线，并要求指定闭合点处的切线方向，如果按回车键，则用默认方式确定切线方向，如图 2.27 所示。

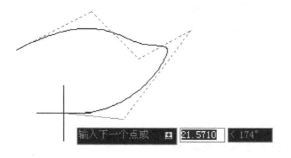

图 2.27 样条曲线控制点

2.8.3 面　域

面域是封闭图形所形成的二维实心区域。它与圆、多边形等封闭图形有本质的不同。用 PLINE、SPLINE、LINE 命令的闭合选项生成的封闭图形只包含边的信息，称为线框模型。而面域是二维实体模型，它不仅含有边的信息，而且还含有边界内的信息，如孔、槽等。AutoCAD 可利用这些信息计算工程属性，如面积、重心和惯性矩等，此外，用户还可以对面域进行各种布尔运算，如区域相加、相减和相交等。

用户不能直接创建面域,而只能使用 REGION 命令将已有的封闭折线、多段线、圆、样条曲线等转换成面域。

1. 输入命令的方法
- 菜单:绘图→面域
- 工具栏:绘图→按钮 ◎
- 命令行:REGION↙

2. 命令行提示

选择对象:

如拾取图 2.28 中的圆和矩形。

3. 面域的布尔运算

布尔运算有相加、相减、相交。

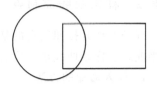

图 2.28 创建面域

(1) 面域相加

输入命令的方法:
- 菜单:修改→实体编辑→◎◎ 并集(U)
- 命令行:UNION↙

激活该命令后,AutoCAD 系统提示:

选择对象:

选择对象:↙

结果如图 2.29(b)所示。

(2) 面域相减

输入命令的方法:
- 菜单:修改→实体编辑→◎◎ 差集(S)
- 命令行:SUBSTRACT↙

激活该命令后,AutoCAD 系统提示:

选择对象:↙

选择对象:↙

结果如图 2.29(c)所示。

注意:实体相减时应先选取被减实体。

(3) 面域相交

输入命令的方法:
- 菜单:修改→实体编辑→◎◎ 交集(I)
- 命令行:INTERSECT↙

激活该命令后,AutoCAD 系统提示:

选择对象:↙

结果如图 2.29(d)所示。

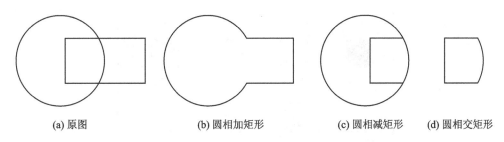

(a) 原图　　　　　(b) 圆相加矩形　　　　(c) 圆相减矩形　　　　(d) 圆相交矩形

图 2.29　面域的三种布尔运算

任务 9　图案填充

在绘制图形时,经常会遇到图案填充。图案填充,就是将某种图案填充到某一指定区域。比如绘制物体的剖视图或断面时,需要用某种图案填充某个指定的区域。图案填充一般用来表示材料性质或表面纹理,也可以用来填充地图的颜色。图 2.30 为"边界图案填充"对话框的"图案填充"选项卡。

1. 输入命令的方法

- 菜单:绘图→图案填充
- 工具栏:绘图→按钮
- 命令行:HATCH ↙

图 2.30　"边界图案填充"对话框的"图案填充"选项卡

2. "图案填充"选项卡

该选项卡可以对图案填充进行简单、快速的设置。它包括以下元素:

① "边界"下拉列表:该下拉列表允许用户指定边界的类型,有 2 种类型供用户选择。

- "拾取内部点"类型:拾取闭合图形内部点进行填充。提示用户选取填充边界内的任意一点。注意:该边界必须封闭。
- "选择对象"类型:该类型拾取闭合图形外部边界进行填充。提示用户选取一系列构成边界的对象以使系统获得填充边界。

② "图案"下拉列表:确定填充图案的样式。单击下拉箭头,将出现填充图案样式名的下拉列表选项供用户选择,在图 2.31 所示的"图案填充选项板"中显示系统提供的填充图案。用户在其中选中图案名或者图案图标后,单击"确定"按钮,该图案即设置为系统的默认值。机械制图中常用的剖面线图案为 ANSI31。

③ "特性"下拉列表:

- 颜色:可以设置图案及其背景颜色。

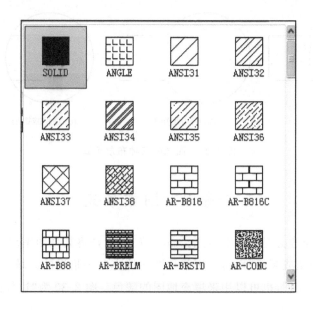

图 2.31 "图案填充选项板"选项卡

- 样例:显示所选填充对象的图形及背景。
- 角度:设置图案的旋转角。系统默认值为 0。机械制图规定剖面线倾角为 45°或 135°,特殊情况下可以使用 30°和 60°。若选用图案 ANSI31,剖面线倾角为 45°时,设置该值为 0°;倾角为 135°时,设置该值为 90°。
- 比例:设置图案中线的间距,以保证剖面线有适当的疏密程度。系统默认值为 1。
- 预览:预览图案填充效果。
- 确定:结束填充命令操作,并按用户所指定的方式进行图案填充。

注意:在区域内填充完图形后,如果在此区域双击鼠标左键,会弹出"图案填充和渐变色"对话框,即可修改图。

④ "原点"下拉列表:移动填充图案以便于指定到某一原点或将图案填充原点设置在填充矩形范围的某一指定点。

⑤ "选项"下拉列表:该下拉列表可进行关联边界、自动调整填充比例、图案填充特性匹配、创建独立图案的填充等命令操作。

3. 绘图举例

在图 2.32 所视的半剖视图中绘制剖面线。调用图案填充命令后,单击图 2.30 所示对话框左上方的"拾取点"按钮,此时对话框消失,命令行提示用户拾取进行边界计算的内部点。在图中要画剖面线的区域内拾取一点 A(指定用于产生边界的区域),命令行提示边界计算状态,并高亮显示已选边界元素。边界元素选定后,按回车键返回边界图案填充对话框。单击右下角的"预览"按钮对填充的图案(见图 2.33)效果进行预览。按回车键返回对话框进行修改,或单击"确定"按钮完成图案填充。

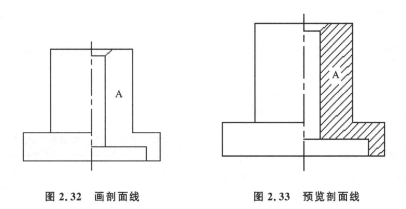

图 2.32　画剖面线　　　　图 2.33　预览剖面线

任务 10　文本注释

图形中的文字表达了重要的信息。用户可以在标题中使用文字,还可以用文字标记图形的各个部分,给出技术要求或用文字进行注释。AutoCAD 提供了多种文字处理方式。一般而言,对简短的输入项使用单行文字,对带有内部格式的较长输入项使用多行文字。

1. 设置文字样式

文字的外观由文字样式确定,如果在输入文字前用户不做任何设置,则输入的文字使用系统默认的文字样式。

输入命令的方法:

- 菜单:格式→文字样式
- 工具栏:注释→按钮 A
- 命令行:STYLE↵

输入命令将打开图 2.34 所示的"文字样式"对话框。

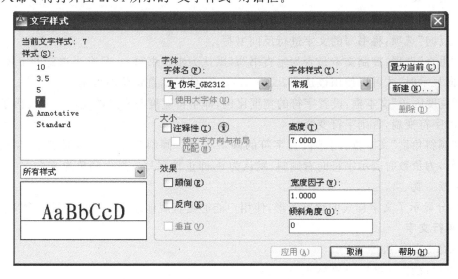

图 2.34　"文字样式"对话框

对话框控件说明：

（1）样式名

• "新建"按钮：打开新建文字样式对话框（见图2.35）。在样式名称文本框内输入名称并单击"确定"按钮，再通过其他按钮或编辑框调整其设置。

• "重命名"按钮：重命名文件样式。

• "删除"按钮：删除指定的文字样式。

（2）字　体

• "字体名"下拉列表：用于选定字体，只有那些已注册的 TrueType 字体和所有 AutoCAD 的编译型（.SHX）字体才会出现在该下拉列表中。

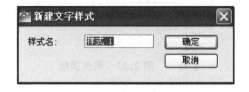

图 2.35　"新建文字样式"对话框

• "字体样式"下拉列表：指定字体样式，比如斜体、粗体或者常规字体，是否具有某种样式是由字体本身决定的。当选定"使用大字体"选项后，该选项变为大字体，用于选择大字体文件。

（3）大　小

• "高度"文本框：设置文字高度。如果输入 0，每次用该样式输入文字时，AutoCAD 都将提示文字高度。

• "使用大字体"选项：指定亚洲语言的大字体文件。只有在"字体名"中选择 txt.shx 文件才能使用大字体。

• "注释性"选项：使用此选项，用户可以自动完成缩放注释的过程，从而使注释能够以正确的大小在图纸上打印或显示。用户不必在各个图层、以不同尺寸创建多个注释，而可以按对象或样式打开注释性特性，并设定模型或布局视口的注释比例。注释比例控制注释性对象相对于图形中的模型几何图形的大小。

（4）效　果

• "颠倒"选项：将书写的文字倒置。

• "反向"选项：将书写的文字进行反向书写。

• "垂直"选项：控制文本是否为垂直书写（默认为水平书写）。只有当选定的字体支持双向显示时，才可以使用该选项。TrueType 字体的垂直定位不可用。

• "宽度因子"文本框：设置字符的宽度比例，即字符宽度与高度的比值。宽度因子大于 1 时字符变扁，否则字符变窄。

• "倾斜角度"文本框：用于设置字符的倾斜程度。倾斜角度为正数时表示字符向左倾斜，为负数时表示字符向右倾斜，默认为 0，即正常书写。最大倾角为 85°。

（5）预　览

该部分显示了文字样式的预览图形，使用户能够更直观地理解各选项的具体含义。

2. 单行文字

输入命令的方法：

• 菜单：绘图→文字→单行文字

• 工具栏：注释→按钮 A

• 命令行:TEXT✓

激活该命令后,AutoCAD 提示:

当前文字样式:"3.5" 文字高度: 3.5000 注释性: 否
指定文字的起点或[对正(J)/样式(S)]:
指定字高<3.5000>:
指定文字的旋转角度 <0>:

输入文字时,如果另起一行,则键入回车,系统会将新行放在前一行的下面。也可以用鼠标拾取任意一点,AutoCAD 会将该点作为新行的起点。其他选项说明如下:

(1) 对正(Justify)

该选项用于调整文本的对正方式。进入该选项后,系统提示:

输入选项[对齐(A)/调整(F)/中心(C)/中间(M)/右(R)/左上(TL)/中上(TC)/右上(TR)/左中(ML)/正中(MC)/右中(MR)/左下(BL)/中下(BC)/右下(BR)]:

上述选项中:

- 对齐(A):输入"A"后会提示用户拾取文字串对齐的起点和终点,系统会根据起点和终点的距离自动调整字高,如图 2.36(a)所示。
- 调整(F):输入"F"后会提示用户拾取文字串对齐的起点和终点,但不改变字高,系统会自动调整宽度稀疏,如图 2.36(b)所示。
- 中心(C):输入"C"后提示用户拾取文字串基线的水平中心点。
- 中间(M):输入"M"后提示用户拾取文字串基线的水平中点和竖直中点。
- 右(R):输入"R"后提示用户拾取文字串基线的右端点。
- 左上(TL):提示用户拾取文字串第一个字符的左上角点。

其他选项说明与上述大致相同,在这里不再叙述。

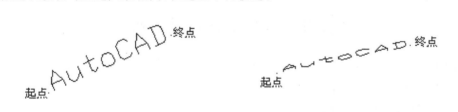

(a) 对齐选项实例　　　　　　　　(b) 调整选项实例

图 2.36　文本的对正方式

(2) 样　式

进入该选项后,AutoCAD 将提示用户输入字体样式。字体样式决定着文字的外在特征。

3. 多行文字

(1) 输入命令的方法

- 菜单:绘图→文字→多行文字
- 工具栏:注释→按钮 A
- 命令行:MTEXT✓

(2) 命令行提示

当前文字样式："3.5" 文字高度：3.5 注释性：否
指定第一角点：
指定对角点或 [高度(H)/对正(J)/行距(L)/旋转(R)/样式(S)/宽度(W)/栏(C)]：

拾取对角点后会弹出图 2.37 所示的"文字格式"对话框。

图 2.37 "文字格式"对话框

用户可在文本编辑器中的编辑区输入文字，并允许换行或使用标准 Windows 文字输入控制键。单击"确定"按钮后，输入的文字即注写到拾取点所确定的矩形内。文字编辑器的字符选项卡用于设置字体、字符高度等。若要修改已经输入的某些字符格式，可以用拖动方式选取这些字符，然后单击相应的按钮或下拉框，以改变被选字符的格式，例如，改变颜色、变粗体、斜体、加下划线、设置堆叠文字等。

AutoCAD 可以对单行文字或多行文字进行各种编辑操作，如复制、移动、旋转等。但要编辑文本符号的内容，这些命令显然是无能为力的。

编辑文本的内容，除了可以双击要编辑的文字，还可以使用 DDEDIT 命令。该命令可以编辑单行文字或多行文字中的字符，但不能改变单行文字的样式、字高、宽度比例等特性。

如果选择多行文字，将弹出图 2.37 所示的"文字格式"编辑器，在编辑器内显示所拾取的文本供用户修改。若拾取的是单行文本，则会弹出"文字"对话框，用户可以在对话框中直接修改文字内容，然后单击"确定"按钮。

任务 11 挂架平面图形绘制

挂架的绘图步骤如下：
① 单击"新建"按钮，选择"A4 的 X 型样板图"。
② 建立图层，如表 2-1 所列。

表 2-1 图 层

图层名	颜色	线型	线宽
轮廓线	白色	Continuous	0.5
中心线	红色	CENTER	0.25
文字	洋红	Continuous	0.25
尺寸标注	绿色	Continuous	0.25

③ 绘制基准。利用直线命令、偏移命令，如图 2.38 所示。
④ 绘制已知圆弧和线段。利用圆命令中的"圆心、半径"或"圆心、直径"命令绘制所有已知圆；利用圆弧命令中的"圆心、起点、端点"命令绘制所有已知圆圆弧；利用直线命令绘制所有

已知线段和图框。如图 2.39 所示。

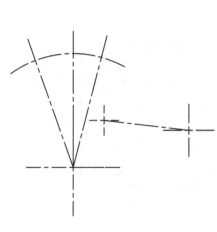

图 2.38 绘制"基准"

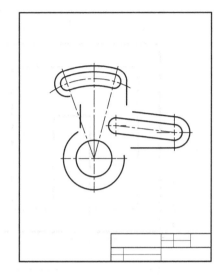

图 2.39 绘制"已知圆弧和线段"

⑤ 绘制连接弧。利用圆角命令中的"修剪、半径"命令绘制连接弧,如图 2.40 所示。
⑥ 填写标题栏。利用文字命令填写标题栏,如图 2.41 所示。

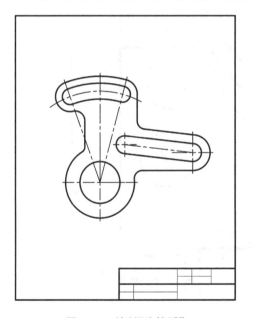

图 2.40 绘制"连接弧"

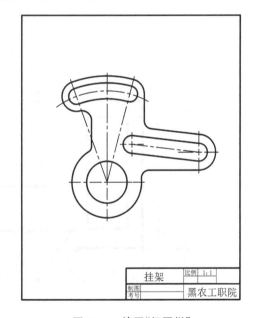

图 2.41 填写"标题栏"

技能训练

绘制下列平面图形(不标注尺寸)。

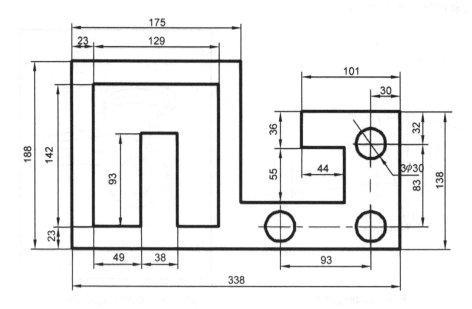

图 2.42

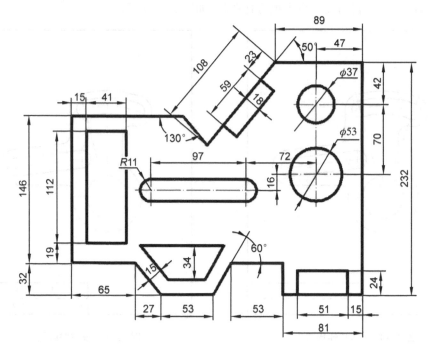

图 2.43

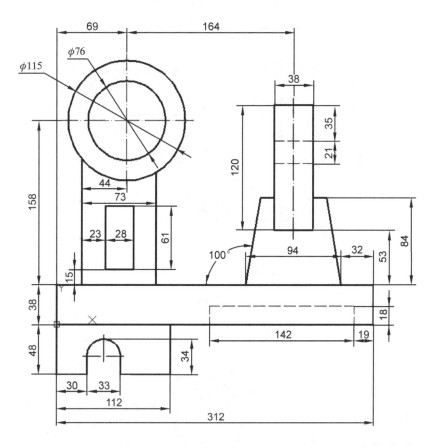

图 2.44

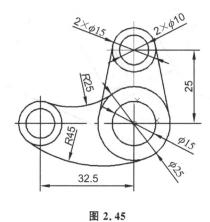

图 2.45

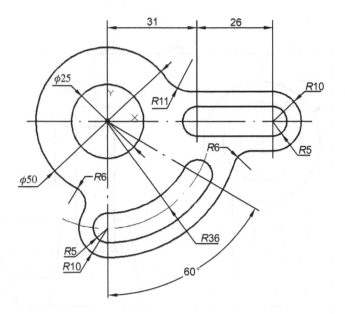

图 2.46

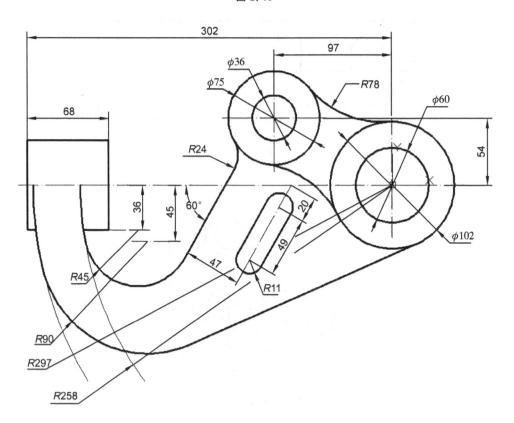

图 2.47

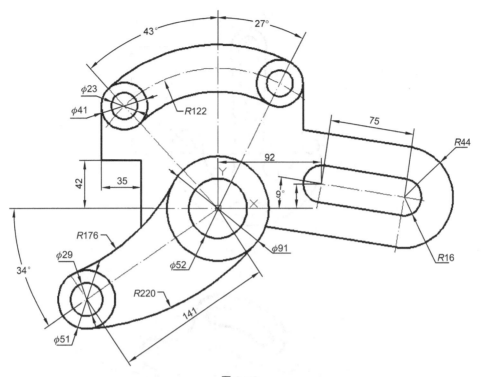

图 2.48

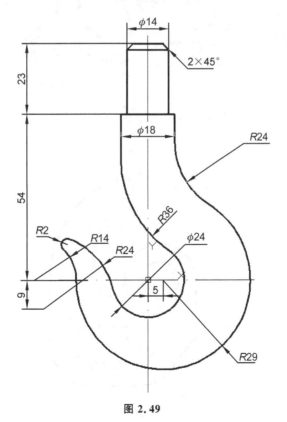

图 2.49

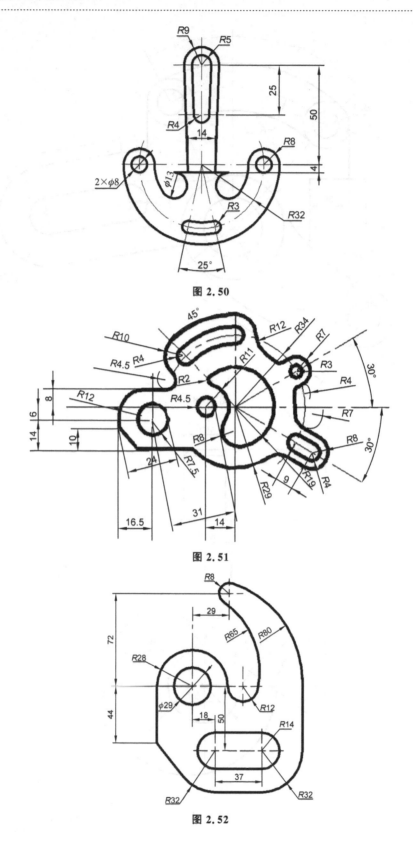

图 2.50

图 2.51

图 2.52

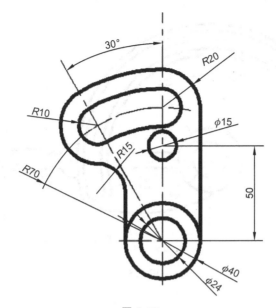

图 2.53

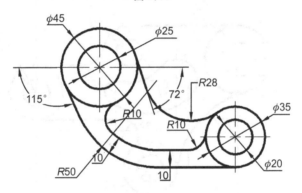

图 2.54

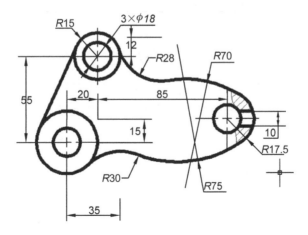

图 2.55

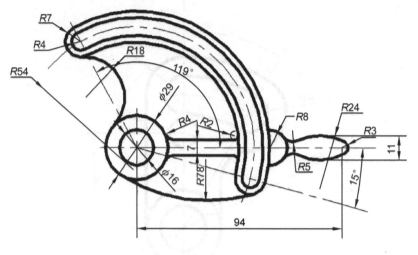

图 2.56

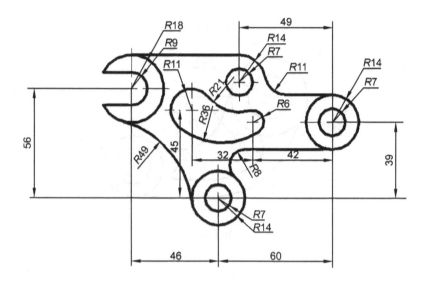

图 2.57

项目三　六角螺母工程图的绘制

【项目说明】

根据图纸要求独立完成创建图层，绘制适合图形的图幅、标题栏，并填写相关文字。使用直线、圆、正多边形、剖面线等命令绘制图形，利用修剪、偏移等命令编辑图形，按照图纸所示准确标注图形，完成六角螺母工程图的绘制（见图 3.1）。

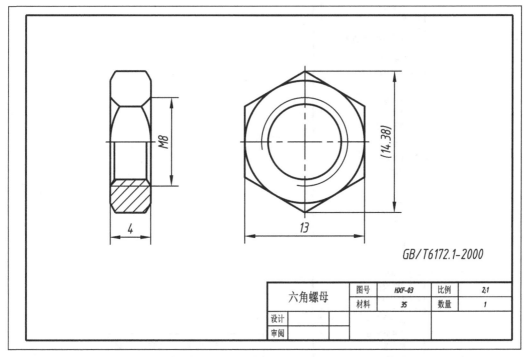

图 3.1　六角螺母工程图绘制

【知识目标】

◆ 掌握二维图形中夹点编辑和特性编辑器的设置方法；
◆ 使用二维绘图命令绘制六角螺母的图形。

【能力目标】

◆ 具备修改、编辑二维图形的能力；
◆ 使用直线、圆、圆弧、矩形、正多边形等命令绘制图形；
◆ 能根据图形形状合理选择编辑方法。

图形编辑是指对已有图形对象进行移动、旋转、缩放、复制、删除、修剪及其他修改等操作。AutoCAD 不仅可以很方便地绘制平面图形，而且具有强大的图形编辑功能。其常用的方法有：

① 输入各种编辑命令。
② 通过"修改"菜单栏选择编辑命令,如图 3.2(a)所示。
③ 在"修改"工具栏上选择编辑命令,如图 3.2(b)所示。
④ 利用夹点编辑。
⑤ 利用对象特性对话框编辑对象的特性。

要想对已有对象进行编辑,必须把要进行操作的对象选择出来。下面介绍 AutoCAD 中选择对象的方法。

(a) "修改"菜单栏　　　　　　　(b) "修改"工具栏

图 3.2　修改方法

任务1　选择对象

编辑命令的操作一般分两步进行:①选择编辑对象,即构造选择集;②对选择对象进行编辑操作。在编辑已有图形时,既可以在输入编辑命令前进行,也可以在输入编辑命令之后进行选择。被选中的对象将变为虚线且高亮显示,并出现蓝色的夹点,如图 3.3 所示。

为了方便地在各种情况下选择物体,AutoCAD 提供了多种选择方法,下面介绍常用的选择方法。

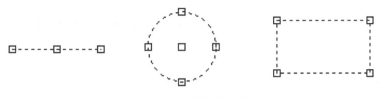

图 3.3　被选择的对象

3.1.1　逐个点取

这是最常用也是最简单的办法。用鼠标(或其他定点设备)的光标直接在被选择对象上单击,就如同用手指选择物体一样,一次选择一个对象,直到要选择的对象全部变为虚线且高亮显示为止。

如果在点选时,不小心选择了不该选择的对象,则可以按住 Shift 键并再次点取该对象,将其从当前选择集中删除。

3.1.2　矩形窗口选择

当要选择较多对象时,使用逐个点取的方法是不方便的。

(1)"W"窗口选择

如果在命令行"选择对象:"自左向右选取,就可以用鼠标指定矩形两个对角点拖出一个矩形窗口,所有包含在这个矩形窗口内的对象将被同时选择,如图 3.4 所示。

(2)"C"窗交选择

如果在命令行"选择对象:"自右向左选取,就可以用鼠标拖出一个矩形窗口,所有包含在这个矩形窗口内以及与窗口接触的对象将被同时选择,如图 3.5 所示。

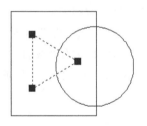　　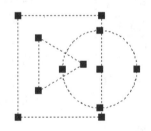

图 3.4　窗口选择　　　　　　　　　图 3.5　窗交选择

实际上,在逐个点取的情况下,在屏幕下用鼠标拖出一个窗口,也能实现窗选的命令。不过要注意,若矩形窗口是从左向右拖出,则实现窗口选择功能;若矩形窗口是从右向左拖出,则实现窗交选择功能。这个功能与在选择对象提示下输入"框选(BOX)"一样。

3.1.3　不规则窗口选择

如果在图形特别复杂的图中选择对象时,可以采用不规则窗口来选择对象。

(1)WP 圈围选

如果在命令行"选择对象:"的提示下输入"WP",就可以单击若干点,确定一个不规则多边形窗口,所有包含在这个窗口内的对象将被同时选中。

(2) CP 圈交选

如果在命令行"选择对象:"的提示下输入"CP",就可以单击若干点,确定一个不规则多边形窗口,所有与这个窗口相交的对象将被同时选中。

3.1.4 栅栏选择

如果在命令行"选择对象:"提示下输入 F(栏选),就可以用鼠标像画线一样画出几段折线,所有与折线相交的对象将被同时选择,如图 3.6 所示。

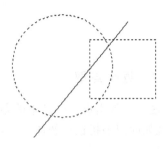

图 3.6 栅栏选择

3.1.5 编组选择

AutoCAD 允许把不同的对象编为组,根据需要一起选择和编辑。下面介绍编组方法。

1. 输入命令方法

- 命令行:GROUP↙
- 工具栏:组→按钮

2. 具体操作方法

图 3.7 组对话框

① 在命令行中输入 group,弹出"对象编组对话框"GROUP;选择对象或 [名称(N)/说明(D)]:

② 在"对象编组对话框"的"编组标识"设置区中,输入编组名和说明。

③ 在"创建编组"设置区中,选择若干对象,并按回车键,返回对话框。

④ 单击"确定"按钮,完成编组。

还可以通过对话框"修改编组"设置区对组进行修改,如用"删除"按钮删除组中的对象,或用"添加"按钮向组中加入对象等,如图 3.7 所示。对象一旦编为一组,就可以作为一个整体同时操作。

3.1.6 全 选

- 命令行输入 :ai_selall↙
- 键盘输入 Ctrl+A
- 菜单:实用工具→

就可以选择非冻结的图层上的所有对象。

3.1.7 其他的选择方法

以上介绍了 AutoCAD 常用的选择方法,其他的选择方法还有:上一个、前一个、类、多个、放弃、自动和单个等。

3.1.8 选择的设置

利用选项对话框中的选择选项卡,可以对选择进行设置。

1. 输入命令方法
- 菜单:工具→选项…→选择
- 命令行:DDSELECT↙

2. "选项"对话框中"选择集"选项卡

"选项"对话框中"选择集"选项卡如图 3.8 所示。

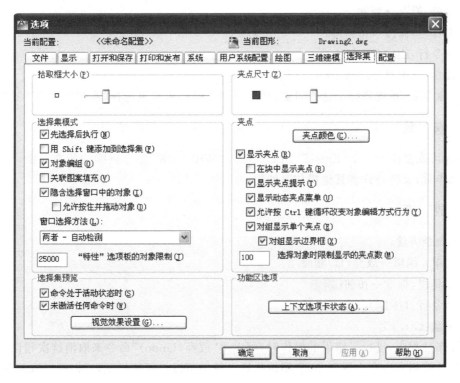

图 3.8 "选项"对话框中的"选择集"选项卡

在此可以对选择框的大小、选择模式以及夹点的大小和模式进行设置。

"选择集模式"设置区各项意义如下:

① "先选择后执行"复选框:用于确定是否允许先选择对象后对其进行操作。

② "用 Shift 键添加到选择集"复选框:用于选择对象时,是否允许用 Shift 键向选择集中添加或删除选择对象。

③ "对象编组"复选框:用于确定编组中的对象间是否具有关联性,即选择编组中的一个对象就选择了编组中的所有对象。

④ "关联图案填充"复选框:确定选择关联填充时将选定哪些对象。如果选择该选项,那么选择关联填充时也选定边界对象,默认为关。

⑤ "隐含选择窗口中的对象"复选框:用于在采用矩形窗口选择对象时,是否允许用鼠标"从左到右"或"从右到左"拾取两对角点来确定是窗口选择,还是窗交选择。

⑥ "允许按住并拖动对象"复选框:用于确定是否允许采用按住鼠标拾取键并拖动来确定选择窗口。

任务2　删除、恢复、放弃、重做

3.2.1　删　除

删除对象是一个基本的操作,最常用的是以下命令。
- 菜单:修改→删除
- 工具栏:修改→按钮
- 命令行:ERASE 或 E↙
- 键盘:选中对象后按 Delete 键

激活命令后,系统将提示选择对象,然后按回车键结束对象选择,系统便删除了这些对象。

3.2.2　恢　复

Oops 可恢复由上一个"Erase""BLOCK"或"WBLOCK"命令删除的所有对象,可以在执行删除操作后,又进行许多其他操作时使用。

3.2.3　放　弃

输入命令方法:
- 菜单:编辑→放弃(U)删除
- 工具栏:标准→按钮
- 命令行:UNDO↙ 或 U↙
- 键盘:Ctrl+Z

在操作过程中,进行了错误的操作时,可以用"放弃(Undo)"命令来取消这次错误的操作。

在工具按钮右边有小黑三角,表明按住这个按钮可以打开选择项,可以选择取消前面操作中的哪一项,也可以逐个地取消前面的一系列操作。但放弃命令不能取消诸如 SAVE、OPEN、NEW 或 COPYCLIP 等对设备进行读、写数据命令的操作。

3.2.4　重　做

输入命令方法:
- 菜单:编辑→重做
- 工具栏:标准→按钮
- 命令行:REDO↙
- 键盘:Ctrl+Y

在执行"放弃"命令时,如果发生了操作失误,可以使用"重做"命令来恢复由"放弃"命令取消的操作。

注意:当在命令行中键入 REDO 命令时,不可以使用 R 来代替。该命令必须紧跟在"放弃"命令之后使用,它不可重复其他命令操作。

任务3　复制、镜像、偏移、阵列

3.3.1　复　制

复制命令可以将对象进行一次或多次复制。复制生成的每个对象都是独立的。

1. 输入命令的方法
- 菜单:修改→复制
- 工具栏:修改→按钮
- 命令行:COPY↙或CO↙

2. 选项说明

激活 COPY 命令后,首先提示用户选择要复制的对象,然后提示输入一个基点(或位移)或进入多次复制选项。

① 如果输入一个基点,AutoCAD 会提示用户再输入一个点,并用这两个点来确定对象的位移向量。如果用回车来响应第二点,AutoCAD 用原点和第一点确定位移向量,然后将对象按照矢量复制到指定位置。

② 多次复制(选 M):进入该选项后,系统提示输入基点,然后不断提示输入第二点,每指定第二点后,系统按照基点和该点确定的向量将对象复制到指定位置,直到用户结束 COPY 命令。

如图 3.9 所示,要将正五边形中的圆复制到五边形的各顶点上,即可执行多次复制选项,指定圆心为复制基点,然后分别指定多边形的定点为位移第二点即可。

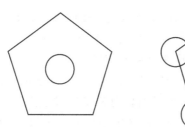 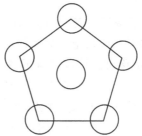

图 3.9　复制对象示例

3.3.2　镜　像

镜像命令能将目标对象按指定的镜像轴线作对称复制,原目标对象可保留也可删除。

1. 输入命令的方法:
- 菜单:修改→镜像
- 工具栏:修改→按钮
- 命令行:MIRROR↙或 MI↙

2. 命令行提示

激活该命令后,系统首先提示选择对象,然后提示输入两个点,将这两个点的连线作为镜像轴,再提示是否删除源对象,最后完成镜像操作,画出新生成的镜像对象。

注意:若镜像操作对象中含有文本,其可读性取决于系统变量 MIRRTEXT 的值。当 MIRRTEXT=0 时,文本按可读方式镜像;当 MIRRTEXT=1 时,文本作完全镜像,不可读,相关尺寸标注中的文本不受此限制。镜像对象示例如图 3.10 所示。

(a) MIRRTEXT=0　　　(b) 原　图　　　(c) MIRRTEXT=1

图 3.10　镜像对象示例

3.3.3　偏　移

偏移命令能对直线、多义线、圆弧、椭圆弧、圆、椭圆或曲线作等距离偏移。

1. 输入命令的方法
- 菜单:修改→偏移
- 工具栏:修改→按钮 ⌓
- 命令行:OFFSET↙ 或 O↙

2. 选项说明

激活该命令后,AutoCAD 提示:

指定偏移距离或[通过(T)]<通过>:

① 如果直接指定了偏移距离,AutoCAD 会提示选择要偏移的对象,然后要求指定将对象向哪一侧偏移,最后将对象向指定一侧偏移这个距离。系统会反复提示选择对象和偏移方向,以便对多个对象进行偏移,直到用户空响应来结束 OFFSET 命令。

② "通过(T)"选项将生成通过某一点的偏移对象。进入该选项后,AutoCAD 首先要求指定要偏移的对象,然后提示输入一个点,生成的新对象将通过该点。AutoCAD 会不断重复这两个提示,以便偏移多个对象,直到用户空响应才能结束 OFFSET 命令。

注意:

① 执行 OFFSET 命令时,只能以直接拾取的方式一次选择一个对象。

② 点、图块、属性和文本对象不能被偏移。

③ 直线的偏移实际上是平行复制,圆、圆弧、椭圆的偏移实际上是同心复制。如图 3.11 所示。

3.3.4　阵　列

阵列命令能按矩形、路径或环形阵列方式多重复制对象。矩形阵列将对象按照行和列来复制,环形阵列将围绕某个中心点进行等角度的复制,路径阵列将围绕某个路径(指定用于阵列路径的对象,选择直线、多段线、三维多段线、样条曲线、螺旋、圆弧、圆或椭圆)进行等角度或路线的复制。

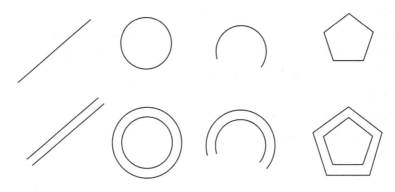

图 3.11 偏移对象示例

1. 矩形阵列

- 菜单:修改→矩形阵列
- 工具栏:修改→按钮

要将对象进行矩形阵列,将显示以下提示:

选择对象:使用对象选择方法

指定项目数的对角点或[基点(B)/角度(A)/计数(C)]<计数>:输入选项或按 Enter 键,

按 Enter 键接受或[关联(AS)/基点(B)/行数(R)/列数(C)/层级(L)/退出(X)]<退出>:按 Enter 键或选择选项。

命令说明:

① 项目:指定阵列中的项目数。使用预览网格以指定反映所需配置的点。

② 计数:分别指定行和列的值。

③ 间隔项目:指定行间距和列间距。使用预览网格以指定反映所需配置的点。

④ 间距:分别指定行间距和列间距。

⑤ 基点:指定阵列的基点。

⑥ 关键点:对于关联阵列,在源对象上指定有效的约束(或关键点)以用作基点。如果编辑生成的阵列的源对象,则阵列的基点保持与源对象的关键点重合。

⑦ 角度:指定行轴的旋转角度。行和列轴保持相互正交。对于关联阵列,可以稍后编辑各个行和列的角度。使用 UNITS 可以更改角度的测量约定。阵列角度受 ANGBASE 和 ANGDIR 系统变量影响。

⑧ 关联:指定是否在阵列中创建项目作为关联阵列对象或作为独立对象。若是关联阵列对象,则包含单个阵列对象中的阵列项目,类似于块,可以通过编辑阵列的特性和源对象,快速传递修改。若不是关联阵列对象,则创建阵列项目作为独立对象,更改一个项目不影响其他项目。

⑨ 行数:编辑阵列中的行数和行间距,以及它们之间的增量标高。

⑩ 表达式:使用数学公式或方程式获取值。

⑪ 全部:设置第一行(或第一列)和最后一行(或最后一列)之间的总距离。

⑫ 列数:编辑列数和列间距。

⑬ 层级:指定层数和层间距。

⑭ 退出:退出命令。

操作步骤如下:

① 选择要排列的对象,并按 Enter 键。

② 指定栅格的对角点以设置行数和列数。在定义阵列时会显示预览栅格。

③ 指定栅格的对角点以设置行间距和列间距。

④ 按 Enter 键,出现如图 3.12 所示的效果图。

2. 路径阵列

- 菜单:修改→路径阵列
- 工具栏:修改→按钮

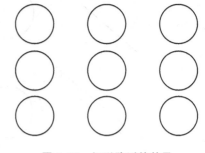

图 3.12 矩形阵列的效果

要将对象进行矩形阵列,将显示以下提示:

选择路径曲线:使用一种对象选择方法。
输入沿路径的项数或[方向(O)/表达式(E)]<方向>:指定项目数或输入选项;
指定基点或[关键点(K)]<路径曲线的终点>:指定基点或输入选项;
指定与路径一致的方向或[两点(2P)/法线(N)]<当前>:按 Enter 键或选择选项;
指定沿路径的项目间的距离或[定数等分(D)/全部(T)/表达式(E)]<沿路径平均定数等分>:指定距离或输入选项

按 Enter 键接受或[关联(AS)/基点(B)/项目(I)/行数(R)/层级(L)/对齐项目(A)/Z 方向(Z)/退出(X)]<退出>:按 Enter 键或选择选项设置必要的选项。

说明如下:

① 方向:控制选定对象是否将相对于路径的起始方向重定向(旋转),然后再移动到路径的起点。

注意:选项控制是保持起始方向还是继续沿着相对于起始方向的路径重定向项目。如图 3.13 所示。

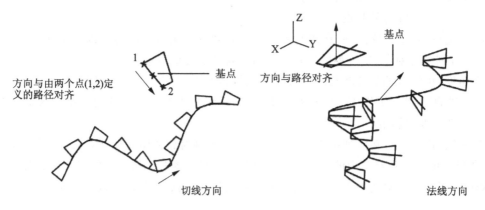

图 3.13 路径阵列的方向

② 项目之间的距离:指定项目之间的距离。

③ 定数等分:沿整个路径长度平均定数等分项目。

④ 全部:指定第一个和最后一个项目之间的总距离。其他控件与矩形阵列相同,这里不再叙述。

⑤ 行数:指定阵列中的行数和行间距,以及它们之间的增量标高。
⑥ 对齐项目:指定是否对齐每个项目以与路径的方向相切。对齐相对于第一个项目的方向。
路径阵列效果如图 3.14 所示。

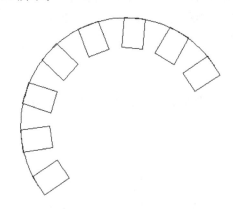

图 3.14　路径阵列的效果

3. 环形阵列

- 菜单:修改→环形阵列
- 工具栏:修改→按钮

要将对象进行环形阵列,须设置必要的选项,显示如下:

选择对象:使用对象选择方法
指定阵列的中心点或[基点(B)/旋转轴(A)]:指定中心点或输入选项。
输入项目数或[项目间角度(A)/表达式(E)]<最后计数>:指定项目数或输入选项。
指定要填充的角度(+ = 逆时针,. = 顺时针)或[表达式(E)]:输入填充角度或输入选项。
按 Enter 键接受或[关联(AS)/基点(B)/项目(I)/项目间角度(A)/填充角度(F)/行(ROW)/层 L)/级(旋转项目(ROT)/退出(X)]<退出>:按 Enter 键或选择选项。

具体说明如下:
① 圆心:指定分布阵列项目所围绕的点。旋转轴是当前 UCS 的 Z 轴。
② 基点:指定阵列的基点。对于关联阵列,在源对象上指定有效的约束以用作基点。如果编辑生成的阵列的源对象,则阵列的基点保持与源对象的关键点重合。
③ 旋转项目:是否将阵列生成的对象进行旋转,在预览区域可以看到旋转和不旋转的区别。

其他控件与矩形阵列相同,这里不再叙述。

任务4　移动、旋转与变形

3.4.1　移　动

移动命令能在指定方向上按指定距离移动对象。
输入命令的方法:

- 菜单:修改→移动

- 工具栏:修改→按钮✥
- 命令行:MOVE↙或 M↙

激活命令后,系统首先提示用户选择对象,然后提示用户指定两个点,这两个点定义了一个位移矢量,它指明了对象的移动距离和移动方向。如果在确定第二个点时按 Enter 键,那么第二个点的坐标值就被认为是相对的 X、Y、Z 位移。

3.4.2 旋 转

ROTATE 命令能将对象在平面上绕指定基点旋转一个角度。

输入命令的方法:

- 菜单:修改→旋转
- 工具栏:修改→按钮⟲
- 命令行:ROTATE↙或 RO↙

激活该命令后,AutoCAD 首先提示用户选择对象,然后要求指定基点,最后提示用户指定旋转角度。指定旋转角度时可以使用"参照(R)"选项,该选项要求用户指定参照角和新角度。参照角可以通过两个点来确定,旋转角等于新角度减去参照角。

图 3.15 为旋转矩形使其 AB 边的方向角为 60°。

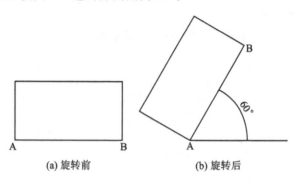

(a) 旋转前　　　　　(b) 旋转后

图 3.15　旋转对象

3.4.3 缩 放

缩放命令能将被选择对象相对于基点按照比例放大或缩小。

1. 输入命令的方法

- 菜单:修改→缩放
- 工具栏:修改→按钮▢
- 命令行:SCALE↙或 SC↙

2. 选项说明

运行该命令后,AutoCAD 首先要求选择对象,然后要求指定缩放基点(基点是指在比例缩放中的基准点,一旦选定基点,拖动光标时图像将按移动的幅度放大或缩小),最后要求输入缩放比例因子或进入"参照(R)"选项。该选项要求用户指定参考长度和新长度,系统将用这两个长度的比值来确定缩放比例。

图 3.16(a)所示的矩形框中心点与圆的圆心相同,下面的操作过程将缩放矩形框,使矩形

框的四个角点正好位于圆周上,如图 3.16(b)所示。

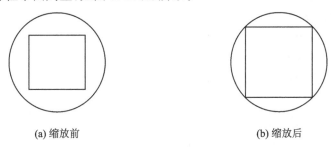

(a) 缩放前　　　　　　　　　(b) 缩放后

图 3.16　缩放实例

操作说明如下:
① 激活命令,在"选择对象:"提示下选择矩形框,然后回车结束选择。
② 在"指定基点:"提示下,用圆心捕捉方式捕捉到圆心。
③ 在"指定比例因子或[参照]:"提示下键入"R"。
④ 在"指定参照长度<1>:"提示下,用捕捉方式先后捕捉圆心点和矩形框的左下角。
⑤ 在"指定新长度:"提示下,用最近点捕捉方式得到圆周上的任意一点,并单击结束 SCALE 命令。

3.4.4　拉　伸

用 STRETCH 命令可以拉伸或移动对象。在拉伸对象时,落在选择窗口内的部分被移动,窗口外的部分原地不动,但移动部分和不动部分依然相连。如果对象的全部都落在选择窗口内,则对象整体被移动。

1. 输入命令的方法
- 菜单:修改→拉伸
- 工具栏:修改→按钮
- 命令行:STRETCH✓或 S✓

2. 命令行提示

以交叉窗口或交叉多边形选择要拉伸的对象⋯

提示用户用交叉窗口或交叉多边形方式选择要拉伸的对象。如果对象的所有部分都在选择窗口内,则 STRETCH 命令将移动这些对象,否则只有落在窗口内的部分被拉伸。但并不是任何对象都能被拉伸,AutoCAD 只能拉伸圆弧、椭圆弧、直线、多段线线段、射线和样条曲线等对象。

在按照要求选择了对象以后,AutoCAD 提示:

指定基点或位移:
指定位移的第二点或<用第一个点作位移>:

这两行提示分别要求输入两个点,系统使用这两点来确定拉伸位移向量。如果不输入第二点,则系统用原点和第一点确定拉伸矢量。

3.4.5　拉　长

拉长命令可以拉长对象,可以改变圆弧的角度,也可以改变非闭合的直线、非闭合多义线、椭圆弧和非闭合样条曲线的长度,但不影响闭合的对象。

1. 输入命令的方法
- 菜单:修改→拉长
- 工具栏:修改→按钮
- 命令行:LENGTHEN↙ 或 LEN↙

2. 选项说明

激活该命令后,AutoCAD 提示:

选择对象或[增量(DE)/百分数(P)/全部(T)/动态(DY)]:

该提示要求用户选择对象或输入相应的选项,说明如下:

① 选择对象:选择要改变长度的对象,AutoCAD 将从距离拾取点最近的端点开始增加或缩短该对象。

② 增量:输入要改变的长度或角度(圆弧)增量,如果为负数则缩短对象。

③ 百分数:用户输入总长度的百分比,用该百分比来重新确定对象的长度。例如,如果用户输入 50,则系统会将选定对象的长度变为原长度的一半。

④ 全部:对圆弧而言,该选项要求用户指定圆弧总的圆心角;对直线而言,要求指定直线的总长度。AutoCAD 将用这个角度或长度来重新修正对象。

⑤ 动态:动态调整直线的长度或圆弧的圆心角。在该选项下,AutoCAD 将随着鼠标的移动动态地调整对象长度,得到所需要的形状后单击即可。

拉长对象示例如图 3.17 所示。

图 3.17 拉长对象示例

3.4.6 分 解

分解对象是指将多义线、标注、图案填充、块或三维实体等有关联性的合成对象分解为单个元素,又称为"炸开对象"。

输入命令的方法:
- 菜单:修改→分解
- 工具栏:修改→按钮
- 命令行:EXPLODE↙ 或 X↙

激活 EXPLODE 命令以后,AutoCAD 提示用户选择对象,然后按回车键将对象分解。

注意:

① AutoCAD 一次删除一个编辑组。如果一个块包含一个多段线或嵌套块,那么对该块的分解就首先显露出该多段线或嵌套块,然后再分别分解该块中的各个对象。

② 具有相同 X、Y、Z 比例的块将分解成原对象,具有不同 X、Y、Z 比例的块(非一致比例

块)可能分解成未知的对象。

③ 分解一个包含属性的块,将删除属性值并重新显示属性定义。

④ 用 MINSERT 插入的块、外部参照以及外部参照的块不能分解。

3.4.7 打　断

BREAK 命令提示用户在对象上指定两个点,然后删除两点之间的部分,如果两点距离很近或位置相同,则在该位置将对象切开成两个对象。

输入命令的方法:

- 菜单:修改→打断
- 工具栏:修改→按钮
- 命令行:BREAK↙或 BR↙

激活该命令后,AutoCAD 提示:

选择对象:

指定第二个打断点或[第一点(F)]:

第一句提示用户选择对象,只能使用点选方式或 Fence 方式选择。

第二句提示要求用户指定第二个断点或键入进入"第一点(F)"选项。如果直接指定第二个断点,则第一个断点认为是点选对象时的拾取点;如果键入 F,则 AutoCAD 要求用户指定第一个断点,再指定第二个断点,最后切除两点之间的部分。

如果只是将对象从某个位置切开成两个对象,而不是切除其某一部分,则可以在提示输入第二断点时键入@,这时第二个断点与第一个断点重合,物体从断点处一分为二。"修改"工具栏上的"打断于点"按钮就是完成这一功能的。

注意: AutoCAD 按逆时针方向删除圆上第一断点到第二断点之间的部分。

图 3.18 为截断对象示例,分别以 A、B 两点作为第一、第二断点。

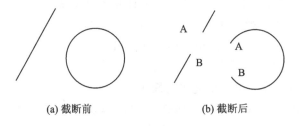

(a) 截断前　　　　　　(b) 截断后

图 3.18　截断对象示例

任务5　修剪、延伸、倒角、圆角

3.5.1 修　剪

使用 TRIM 命令可以修剪对象,使它们精确地终止于由其他对象定义的边界。

1. 输入命令的方法
- 菜单:修改→修剪
- 工具栏:修改→按钮 ⌐/
- 命令行:TRIM↙ 或 TR↙

2. 命令行提示

当前设置:投影 = UCS,边 = 无
选择剪切边…
选择对象:

第一句显示了当前的投影模式和相交模式,第二、三句提示用户选择作为剪切边的对象。当结束选择后,AutoCAD 继续提示:

选择要修剪的对象,或按住 Shfit 键选择要延伸的对象,或[[栏选(F)/窗交(C)/投影(P)/边(E)/删除(R)/放弃(U)]:

在此提示下,如果直接拾取对象,则修剪该对象。拾取的位置决定了对象的哪一部分被剪掉。图 3.19 示意了拾取点时,对象被修剪前后的变化。如果拾取对象的同时按 Shift 键,则延伸该对象。

(a) 修剪前   (b) 修剪后

图 3.19　修剪对象示例

其他三个选项说明如下:
① 投影:设置投影模式。默认模式为 UCS,即将被剪对象和剪切边投影到当前 UCS 的 XY 平面上,还可以设置为不投影或沿线方向投影到视图区。
② 边:剪切边与被剪对象是直接相交还是延长相交。
③ 删除:删除该对象。
④ 放弃:取消 TRIM 命令最近所完成的操作。

注意:在 AutoCAD 提示用户选择剪切边时,可以直接回车而不选择任何对象,系统将距离拾取点最近、可以作为剪切边的对象作为剪切边。

3.5.2　延　伸

延伸命令能延伸对象,使它们精确地延伸至其他对象的边界,或将对象延伸到它们将要相交的某个边界上。

输入命令的方法:
- 菜单:修改→延伸
- 工具栏:修改→按钮 --/
- 命令行:EXTEND↙ 或 EX↙

运行 EXTEND 命令后,AutoCAD 提示:首先选择边界,然后指定要延伸的对象。其他的选项的含义与 TRIM 命令非常相似,在此不再赘述。延伸对象示例如图 3.20 所示。

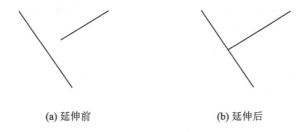

(a) 延伸前　　　　　　　　　(b) 延伸后

图 3.20　延伸对象示例

3.5.3　倒直角

倒直角命令能连接两个非平行的对象,通过延伸或修剪使它们相交或利用斜线连接。

1. 输入命令的方法

- 菜单:修改→倒角
- 工具栏:修改→按钮△
- 命令行:CHAMFER↙或 CHA↙

2. 命令行提示

("修剪"模式)当前倒角距离 1 = 0.0000,距离 2 = 0.0000
选择第一条直线或[放弃(U)/多段线(P)/距离(D)/角度(A)/修剪(T)/方式(E)/多个(M)]:

第一行提示了当前的修剪设置和倒角距离。第二行提示用户输入各选项。如果直接选择一条直线,系统会提示用户选择第二条直线,然后使用前面提示的剪切设置和倒角距离将两个线段倒角。

3. 选项说明

① 多段线:进入该选项后,AutoCAD 提示用户选择多段线,然后在多段线的所有顶点处用倒角直线连接各段。

② 距离:进入该选项后,系统将提示用户输入第一个和第二个倒角距离。倒角距离是每个对象与倒角线相接或与其他对象相交而进行修剪或延伸的长度。如果两个倒角距离都为零,则倒角操作将修剪或延伸这两个对象直至它们相接,但不绘制倒角线,如图 3.21 所示。

③ 角度:确定第一个倒角距离和角度。可先指定第一个选择对象的倒角线起始位置,然后指定倒角线与该对象所组成的角度来为两个对象倒角,参考图 3.21 所示。

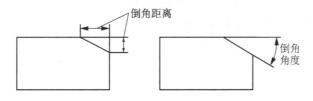

图 3.21　倒角距离和倒角角度

④ 修剪：确定倒角的修剪状态。系统变量 TRIMMODE 为 1 表示倒角后修剪对象，为 0 表示保持对象不被修剪。新的设置将影响下一次倒角。

⑤ 方式：确定进行倒角的方式，要求选择"距离(D)"或"角度(A)"这两种方法之一。

⑥ 多个：一次命令给多个对象倒角。

注意：

① 使用 CHAMFER 命令只能对直线、多段线、矩形、多边形、参照线和射线进行倒角，不能对圆弧、椭圆弧倒角。

② 如果正在被倒角的两个对象都在同一图层，则倒角线将位于该图层。否则，倒角线将位于当前图层。此规则同样适用于倒角的颜色、线型和线宽。

3.5.4 倒圆角

倒圆角命令能通过一个指定半径的圆弧来光滑地连接两个对象。

1. 输入命令的方法

- 菜单：修改→圆角
- 工具栏：修改→按钮 ⌒
- 命令行：FILLET↙ 或 F↙

2. 命令行提示

当前设置：模式 = 修剪，半径 = 0.0000
选择第一个对象或[放弃(U)/多段线(P)/半径(R)/修剪(T)/多个(M)]：

第一行显示了剪切模式和倒角圆弧的半径，第二行要求用户输入倒角选项。如果直接选择对象，则 AutoCAD 会要求用户选择第二个倒角对象，然后用当前的剪切模式和半径绘制倒角圆弧。

3. 选项说明

① 多段线：进入该选项后，AutoCAD 提示用户选择 2D 多段线，然后在多段线的所有顶点处用倒角圆弧连接各段。

② 半径：确定圆角半径。

③ 修剪：确定圆角的修剪状态，系统变量 TRIMMODE 为 0 保持对象不被修剪。新的设置将影响下一次的圆角操作。

④ 多个：一次命令给多个对象倒圆角。

注意：

① 对于不平行的两对象，当有一个对象长度小于圆角半径时，不能倒圆角；

② 可以为平行直线倒圆角（以平行线间距离为圆角直径）；

③ 注意在选择对象时光标点击的位置；

④ 圆角命令可用于实体等三维对象。

图 3.22 显示了倒圆角前后多段线的变化。

命令：fillet↙
当前设置：模式 = 修剪，半径 = 0.0000
选择第一个对象或[多段线(P)/半径(R)/修剪(T)/多个(U)]：r↙

指定圆角半径<0.0000>:8↙
选择第一个对象或[多段线(P)/半径(R)/修剪(T)多个(U)]:p↙
拾取二维多段线:拾取多段线↙

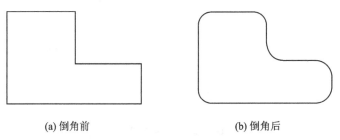

(a) 倒角前　　　　　　　　(b) 倒角后

图 3.22　多段线倒圆角示例

任务 6　夹点编辑

夹点是对象上的控制点。使用夹点模式编辑是编辑中常用的方法。

3.6.1　夹点设置

输入命令的方法:
- 菜单:工具→选项
- 命令行:DDGRIPS↙

打开"选项"对话框,通过"选择集"选项卡中的"夹点"选项组可对夹点进行设置,如图 3.23 所示。

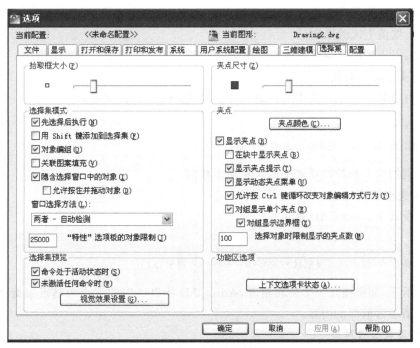

图 3.23　"选项"对话框

启用夹点后,当选择对象时,被选中的对象显示出蓝色(默认设置)夹点,如图 3.24 所示。夹点显示了对象的特征。

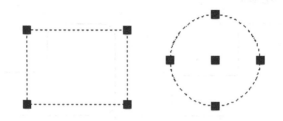

图 3.24 对象的夹点

选择了对象的夹点,就可以利用夹点对对象进行拉伸、移动、旋转、比例缩放、镜像等编辑。

3.6.2 夹点编辑

当选中一个夹点时,AutoCAD 会在命令行显示有关编辑的相应信息。

1. 利用夹点拉伸对象

选中夹点后,AutoCAD 提示:

＊＊拉伸＊＊

指定拉伸点或[基点(B)/复制(C)/放弃(U)/退出(X)]:

选项说明:

① 指定拉伸点:确定对象被拉伸后的基点新位置。

② 基点:重新确定拉伸基点。

③ 复制:允许进行多次拉伸,每次拉伸后将生成一个新的对象。

④ 放弃:取消上次的操作。

⑤ 退出:退出当前夹点编辑模式。

2. 利用夹点移动对象

单击按住线段中点或圆弧中心可进入移动模式,AutoCAD 提示:

＊＊拉伸＊＊

指定拉伸点或[基点(B)/复制(C)/放弃(U)/退出(X)]:

这些选项的含义和拉伸模式下的含义基本相同。

3. 利用夹点旋转对象

在旋转模式下,AutoCAD 提示:

＊＊旋转＊＊

指定旋转角度或[基点(B)/复制(C)/放弃(U)/参照(R)/退出(X)]:

在此提示下,如果指定一个旋转角度,AutoCAD 将以选中的夹点为基点来旋转对象。其他选项说明请参考前面的内容。

4. 利用夹点缩放对象

在缩放模式下,AutoCAD 提示:

比例缩放(SCALE)

指定比例因子或[基点(B)/复制(C)/放弃(U)/参照(R)/退出(X)]:

如果在此提示下直接输入一个数,则该数作为缩放比例因子,然后将对象按该比例缩放。其他选项不再叙述。

任务7 特性编辑器

每个对象都具有特性。有些特性是多数对象所共同具有的,例如,图层、颜色、线型和打印样式等是基本特性;有些特性是某个对象所具有的,例如,直线的起末点坐标、长度和角度等是对象的专有几何特性。

特性编辑器("特性"窗口)是 AutoCAD 提供的最强有力的编辑工具,几乎可以编辑所有对象。

输入命令的方法:

- 菜单:修改→特性
- 工具栏:标准→按钮
- 命令行:PROPERTIES✓ 或 CH✓

执行该命令后,AutoCAD 将弹出"特性"选项板,也称作"特性"对话框,如图 3.25 所示。

为方便作图,"特性"选项板可以拖动到屏幕的任何位置,也可以按"自动隐藏"按钮自动隐藏。用光标可以上下推动特性列表,相当于推动滚动条。在标题栏上右击时,将显示快捷菜单选项,可以用来对选项板进行移动、隐藏等操作。

"特性"选项板顶部有"对象类型列表",可以从中选择要显示和修改哪个被选择的对象的特性。当选择了不同类型的对象时,如果在列表框中选择"全部",则只能显示基本特性。

"对象类型列表"旁边的三个按钮是为了方便选择用的,从左到右分别是"快速选择""选择对象"和"切换 PICKADD 系统变量的值",其意义如下。

1. 快速选择

按下此按钮,可以打开"快速选择"对话框,用来创建基于过滤条件的选择集。

利用"快速选择"对话框来选择对象,尤其是某一类或具有某一特征的对象是很方便的。"快速选择"对话框如图 3.26 所示。

2. 选择对象

使用任意选择方法选择所需对象。

3. 切换 PICKADD 系统变量的值

打开时系统变量 PICKADD=1,按钮显示为,表示每个选定的对象都将添加到当前选择集之中;关闭时系统变量 PICKADD=0,按钮显示为,表示选定对象将替换当前的选择集。

图 3.25 "特性"对话框

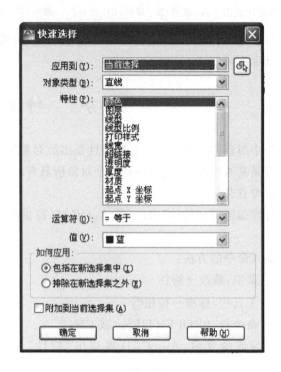
图 3.26 "快速选择"对话框

任务 8　螺母工程图的绘图步骤

① 单击"新建"按钮,选择"A4 的 X 型样板图"。
② 建立图层,如表 3-1 所列。

表 3-1　图　层

图层名	颜色	线型	线宽
轮廓线	白色	Continuous	0.5
中心线	红色	CENTER	0.25
文字	洋红	Continuous	0.25
尺寸标注	蓝色	Continuous	0.25

③ 利用矩形、直线、偏移命令绘制符合国标规定的图框,如图 3.27 所示。
④ 绘制标题栏,使用多行文字填写相关信息,如图 3.28 所示。
⑤ 使用直线、圆弧、图案填充、偏移、镜像等命令绘制主视图,如图 3.29 所示。
⑥ 使用直线、正多边形、圆、偏移修剪等命令绘制左视图,如图 3.30 所示。

图 3.27 绘制图框　　　　　　　图 3.28 标题栏

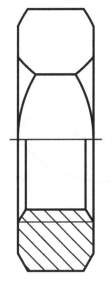
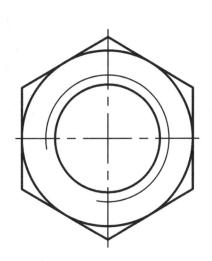

图 3.29 螺母主视图　　　　　　图 3.30 螺母左视图

技能训练

绘制下列平面图形(不标注尺寸)。

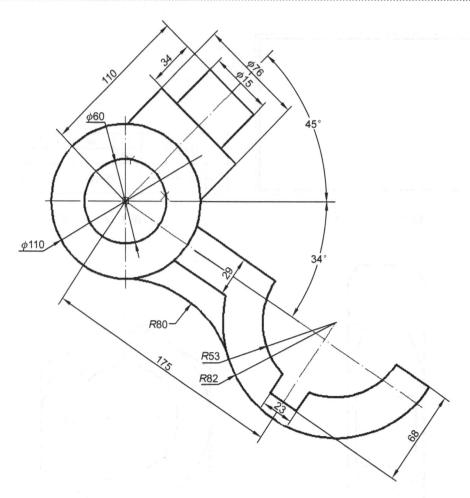

图 3.31

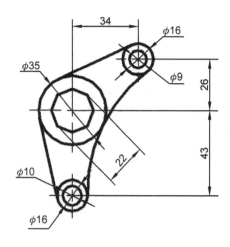

图 3.32

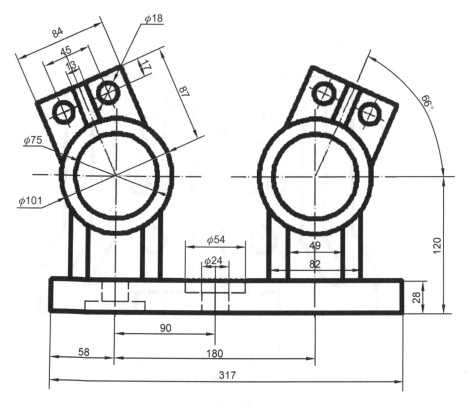

图 3.33

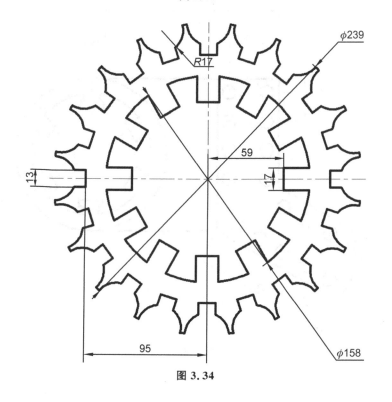

图 3.34

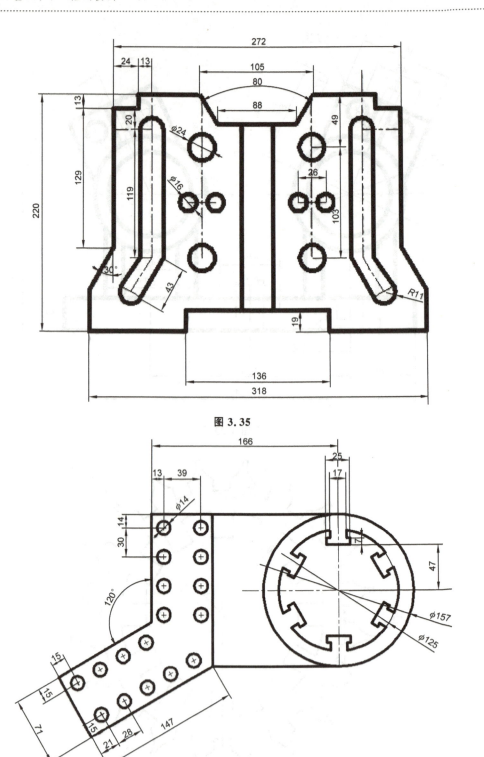

图 3.35

图 3.36

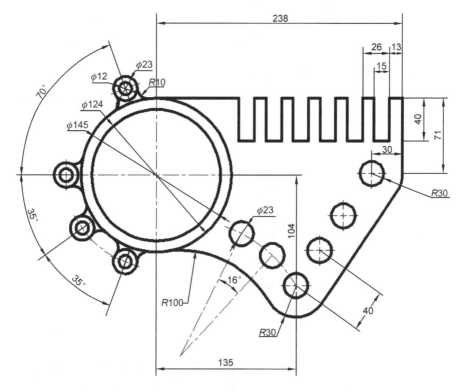

图 3.37

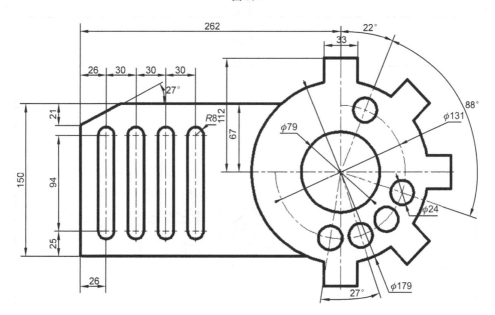

图 3.38

习 题

绘制图框填写标题栏,绘制图形(不标注尺寸)。

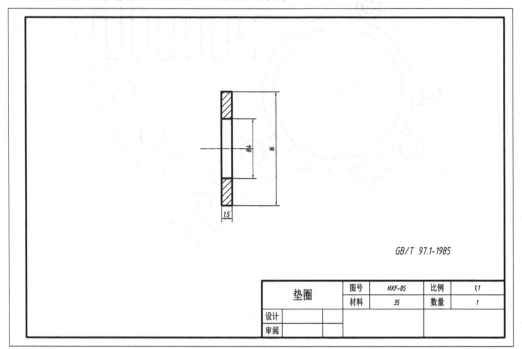

图 3.39

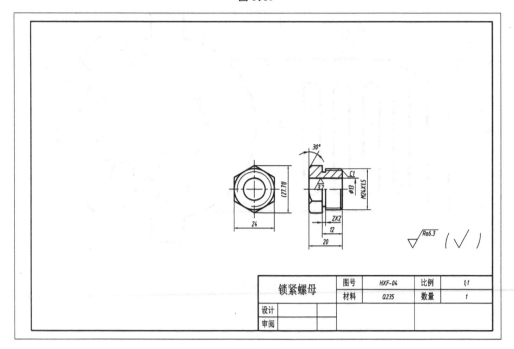

图 3.40

项目四 阀杆工程图的绘制

【任务说明】

根据图纸要求独立完成创建图层,绘制适合图形的图幅、标题栏,并填写相关文字。使用直线、圆、正多边形、剖面线等命令绘制图形,利用修剪、偏移等命令编辑图形,按照图纸所示准确标注图形,完成阀杆工程图的绘制,如图4.1所示。

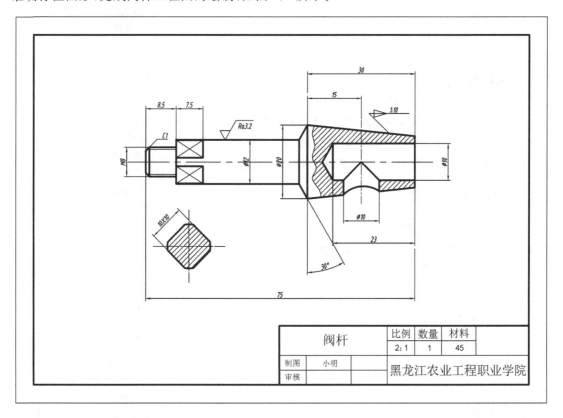

图 4.1 阀杆工程图绘制

【知识目标】

◆ 使用二维绘图命令绘制阀杆的工程图;
◆ 对零件图进行标注;
◆ 填写标题栏绘制图框。

【能力目标】

◆ 使用直线、圆、圆弧、矩形、正多边形等命令绘制图形;

- 利用偏移、修剪、图案填充、镜像、复制等命令对图形进行修改编辑；
- 能完成各种图形尺寸样式的标注。

任务1 尺寸标注基础

4.1.1 尺寸标注菜单及其工具栏

所有的尺寸标注命令和标注编辑命令都集中在"标注"菜单（见图4.2）和工具栏里。用户可以方便灵活地调用各种标注命令。

1. 标注菜单

单击下拉菜单"标注"，则在其下方弹出图4.2所示的菜单。

2. 工具栏

① 在下拉主菜单"工具"中点击"工具栏"，选择"AotoCAD"选项卡中"标注"项，即弹出"标注"工具栏（见图4.3）。

② 工具栏：常用→注释→几种简单按钮。

③ 工具栏：注释→标注，弹出如图4.4所示的对话框。

4.1.2 尺寸标注类型

AutoCAD提供了多种尺寸标注类型（见图4.5），它们分别为线性标注、对齐标注、基线标注、连续标注、角度标注、半径标注、直径标注、坐标标注、引线标注、圆心标记、快速标注和公差标注。各种标注类型的命令工具按钮如图4.3所示。

4.1.3 尺寸标注的组成

在AutoCAD中，尺寸标注的组成要素与工程图绘制的标准类似，由标注文字、尺寸线、尺寸界线和箭头等基本部分组成，如图4.6所示。

1. 尺寸界线

表示被标注对象的边界，可以是轮廓线、中心线也可以是它们的延长线（延长线应用细实线代替）。

2. 尺寸线

尺寸线位于两条尺寸界线之间，对于线性标注、半径标注和直径标注，尺寸线是一条直线，角度标注的尺寸线是一段圆弧。

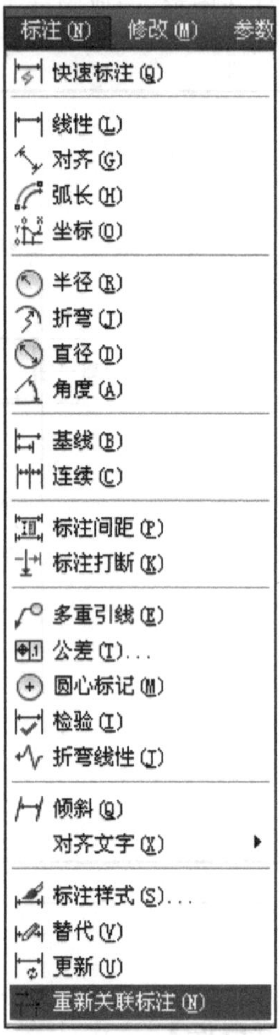

图4.2 "标注"菜单

图4.3 "标注"工具栏

图 4.4 "标注"对话框

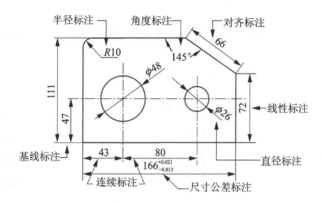

图 4.5 尺寸标注类型

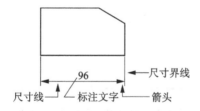

图 4.6 尺寸标注的组成要素

3. 标注文字

标注文字一般表示两条尺寸界线之间的距离或角度,通常情况下,标注文字应按标准字体书写,在同一张图纸中的字高要一致。

4. 箭 头

箭头显示在尺寸线的末端,用于标明尺寸线的端点位置和标注方向。AutoCAD 提供了多种箭头样式,用户可以自定义样式。常用的箭头有两种:机械图中箭头为闭合填充的三角形,建筑图中通常采用斜线。在 AutoCAD 中,用户还可以任意设置箭头的大小,但必须注意在同一张图纸中,箭头的样式和尺寸大小要一致。

任务2　尺寸标注样式设定

在尺寸标注前,一般要对标注样式进行设置,以决定尺寸线、尺寸界线、箭头及标注文字的格式。

创建和编辑尺寸标注样式的方法：
- 菜单：① 格式→标注样式
         ② 标注→标注样式
- 工具栏：标注→按钮
- 工具栏：注释→按钮
- 命令行：DIMSTYLE 或 D

以上方法都可以弹出"标注样式管理器"对话框，如图 4.7 所示。在该对话框中用户可以进行尺寸标注样式的创建和编辑工作。

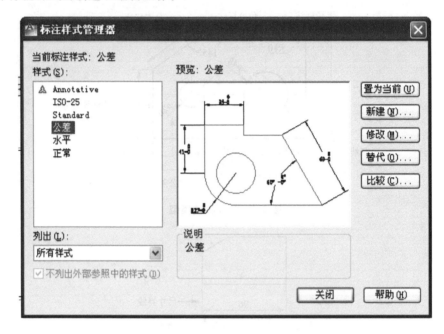

图 4.7 "标注样式管理器"对话框

4.2.1 标注样式管理器

"标注样式管理器"对话框中的常用部分介绍如下：

① "样式"栏：显示本图中所有的标注样式，新建的图形只有一个默认的 ISO.25 标注样式。

② "新建"按钮：一个图形可以有多个标注样式，单击该按钮，将弹出"创建新标注样式"对话框（见图 4.8），可以新建一个标注的样式。在"新样式名"文本框中输入新的标注样式名称，本例输入为"A1"。在"基础样式"下拉列表框中可以选取一种已有的标注样式作为新建标注样式的基础样式。在"用于"下拉列表框中选取标注样式所应用的尺寸标注类型。

单击对话框中的"继续"按钮，在弹出的"新建标注样式"对话框中设置标注样式 A1 的各项参数，例如将其尺寸线颜色设置为绿色，同时将其箭头设置为倾斜线，则新建的标注样式 A1 如图 4.9 所示。

图 4.8 "创建新标注样式"对话框

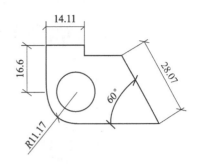

图 4.9 标注样式 A1

③"置为当前"按钮:选择当前要使用的标注样式。打开"标注样式管理器"对话框,如图 4.10 所示。由该图可知,目前标注样式管理器中存在两种样式,分别为 ISO.25 与 A1(标注样式 A1 为作者预先创建的一种标注样式),其中当前使用的标注样式为 ISO.25。若要将 A1 设置为当前标注样式,则用鼠标选取"样式"栏中的 A1 标注样式,使之背景变为蓝色,同时"预览"列表框显示标注样式 A1,如图 4.9 所示。然后,单击"置为当前"按钮,即可将标注样式 A1 设置为当前使用的标注样式,同时对话框的左上角出现"当前标注样式:A1"。

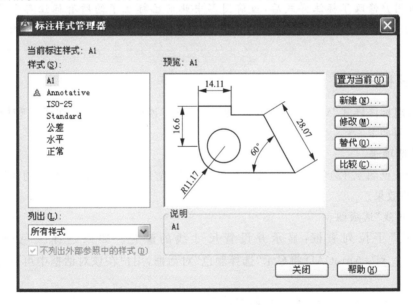

图 4.10 "标注样式管理器"对话框

④"修改"按钮:对"样式"栏所列的标注样式进行修改,需要先在"样式"栏中选择需要修改的标注样式。

⑤"替代"按钮:常用于对已有标注样式的局部进行修改,即对已有标注样式中某个选项的设置进行修改。

⑥"比较"按钮:在已有的标注样式中选取两种进行比较,系统将显示出该两种标注样式的区别。单击该按钮,系统将弹出"比较标注样式"对话框,如图 4.11 所示。从"比较"下拉列表中选取一种尺寸标注样式,然后再从"与"下拉列表中选取另一种尺寸标注样式即可。图例是

标注样式公差标注与水平标注的区别。

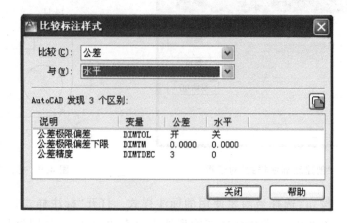

图 4.11 "比较标注样式"对话框

若在"标注样式管理器"对话框中,选择"修改"或"替代"按钮,将显示"修改标注样式"对话框或"替代标注样式"对话框。虽然这与"新建标注样式"对话框标题不同,但其内容和选项完全一样。需要注意的是"修改标注样式"与"替代标注样式"的区别。

注意:当用户修改了标注样式后,当前图形中此前已标注了的所有标注都会改变为此样式。而创建了替代标注样式后,该标注样式只对此后的尺寸标注起作用,而不会改变创建前的标注样式。

4.2.2 标注样式选项

现以"新建标注样式"对话框(见图 4.12)为例进行说明。"新建标注样式"对话框包括 7 个选项卡,说明如下。

1. "线"选项卡

该选项卡(见图 4.12)包含"尺寸线""尺寸界线"2 个选项组,并在右上角的预览框中实时显示各选项的效果。

(1)"尺寸线"选项组

① "颜色"下拉列表框:显示并设置尺寸线的颜色。如果选择颜色列表底部的"选择颜色…",AutoCAD 将显示"选择颜色"对话框,用户在该对话框中可以选择所需的颜色。

② "线宽"下拉列表框:设置尺寸线的线宽。

③ "超出标记"微调按钮:设置尺寸界线超出斜线标记的长度。

注意:仅当箭头选用建筑图用的"建筑标记"时,此选项才可用。

④ "基线间距"微调按钮:设置基线标注中尺寸线之间的间距。

⑤ "隐藏"复选框:AutoCAD 认为标注文字将尺寸线分为左右两段(或上下两段),该部分的两个复选框分别用于确定是否隐藏第一段和第二段尺寸线(见图 4.13)。

(2)"尺寸界线"选项组

① "颜色"下拉列表框:设置尺寸界线的颜色。

② "线宽"下拉列表框:设置尺寸界线的线宽。

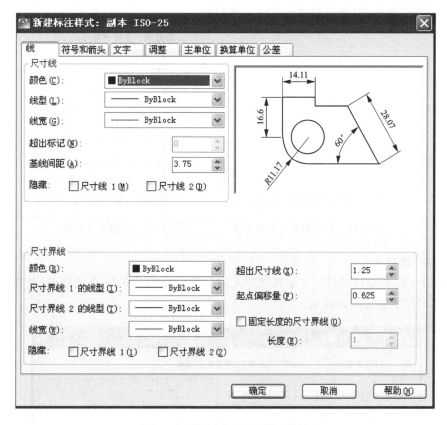

图 4.12 "新建标注样式"对话框

(a) 隐藏第一条尺寸线　　　(b) 隐藏第二条尺寸线

图 4.13 隐藏尺寸线

③"超出尺寸线"微调按钮:设置尺寸界线超出尺寸线的长度(见图 4.14)。

④"起点偏移量"微调按钮:设置尺寸界线的起点与被标注对象之间的距离(见图 4.14)。

⑤"隐藏"复选框:该部分的两个复选框分别用于确定是否显示第一条和第二条尺寸界线(见图 4.15)。

2. "符号和箭头"选项卡

(1) 箭头选项组

①"第一个"和"第二个"下拉列表框:用于设置两个箭头的形状。

②"引线"下拉列表框:设置引线标注所使用的箭头类型。

③"箭头大小"微调按钮:设置箭头的尺寸大小。

(2) "圆心标记"选项组

①"类型"下拉列表框:用于设置圆心标记的形状,可选择"无"(没有中心标记)、"标记"(小十字)和"直线"(中心线)三种情况。

②"大小"微调按钮:用于设置圆心标记的大小。

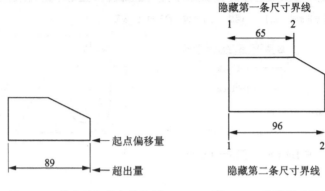

图 4.14　超出量和起点偏移量　　图 4.15　隐藏尺寸界线

3."文字"选项卡

该选项卡(见图 4.16)包括"文字外观""文字位置""文字对齐"3 个选项组,并在右上角的预览框中实时显示各选项的效果。

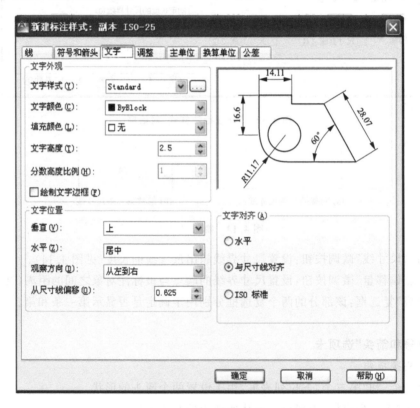

图 4.16　"文字"选项卡

(1)"文字外观"选项组

①"文字样式"下拉列表框:设置标注文字的字体。单击按钮 可以打开文字样式对话框,在该对话框中可创建或编辑文字样式。

②"文字颜色"下拉列表框:设置标注文字的颜色。
③"文字高度"微调按钮:设置标注文字的字高。
④"分数高度比例"微调按钮:设置标注分数或公差的文字相对于标注文字的字高比例。仅在选择了分数或公差标注时,此选项才起作用。
⑤"绘制文字边框"复选框:用于控制是否在标注文字四周加上边框。

(2)"文字位置"选项组
①"垂直"下拉列表框:设置标注文字沿尺寸线垂直方向的放置位置。有"居中""上方""外部"和"JIS"(日本标准)4种方式。
②"水平"下拉列表框:设置标注文字沿尺寸线平行方向的放置位置。有"居中""靠近第一条尺寸界线""靠近第二条尺寸界线""在第一条尺寸界线上方""在第二条尺寸界线上方"5种方式。
③"从尺寸线偏移"微调按钮:设置标注文字与尺寸线之间的距离。

(3)"文字对齐"选项组
①"水平"单选按钮:设置标注文字沿水平方向放置。
②"与尺寸线对齐"单选按钮:设置标注文字沿与尺寸线平行的方向放置。
③"ISO标准"单选按钮:根据ISO标准设置标注文字的位置。当标注文字在尺寸界线内侧时,沿尺寸线方向书写,当标注文字在尺寸界线外侧时,沿水平方向书写。

4. "调整"选项卡
该选项卡(见图4.17)包含"调整选项""文字位置""标注特征比例"和"优化"4个选项组。
(1)"调整选项"选项组
当两条尺寸界线之间没有足够的空间同时放置尺寸文字和箭头时,确定应首先从尺寸界线之间移出尺寸文字和箭头的哪一部分。
①"文字或箭头(最佳效果)"单选按钮:系统将根据尺寸界线之间的距离自动地调整文字或箭头的位置。
②"箭头"单选按钮:当尺寸界线之间没有足够的空间时,首先将箭头移到尺寸界线外侧。
③"文字"单选按钮:当尺寸界线之间没有足够的空间时,首先移出标注文字。
④"文字和箭头"单选按钮:当尺寸界线之间没有足够的空间时,同时移出标注文字和箭头。
⑤"文字始终保持在尺寸界线之间"单选按钮:当尺寸界线之间没有足够的空间时,标注文字始终放置在尺寸界线之间。
⑥"若箭头不能放在尺寸界线内,则将其消除"复选框:如果尺寸界线之间没有足够的空间,则隐藏箭头。

(2)"文字位置"选项组
确定当文字不在默认位置时,将它放在何处。
①"尺寸线旁边"单选按钮:如果将文字从尺寸线上移开,系统将把文字放在尺寸线旁边。
②"尺寸线上方,带引线"单选按钮:如果文字移到远离尺寸线处,系统会创建一条连接文字与尺寸线的引线。
③"尺寸线上方,不带引线"单选按钮:文字远离尺寸线,没有引线连接。

图4.17 "调整"选项卡

(3)"标注特征比例"选项组

①"使用全局比例"单选按钮:设置尺寸样式中所有尺寸四要素的大小及偏移量、间距等标注的缩放系数。

②"将标注缩放到布局"单选按钮:系统将根据当前模型空间视口和图纸空间的比例确定比例因子。

(4)"优化"选项组

①"手动放置文字"复选框:忽略所有水平对正放置,由用户确定标注文字的位置。

②"在尺寸界线之间绘制尺寸线"复选框:箭头可能放在尺寸界线之外,但尺寸线始终在尺寸界线之间。

5. "主单位"选项卡

该选项卡(见图4.18)包含"线性标注"和"角度标注"2个选项组。

(1)"线性标注"选项组

用于设置除角度标注之外其余各标注类型使用的单位格式。

①"精度"下拉列表框:设置尺寸的精度。小数点后最多可设置8位。

②"分数格式"下拉列表框:此选项通常为灰色,只有当在"单位格式"下拉列表框中选定"分数"时,此选项才被启用。"分数格式"有"水平""对角"和"非堆叠"三种形式。

③"小数分隔符"下拉列表框:用于设置小数点的形状。有"句点""逗点"和"空格"三种形状。

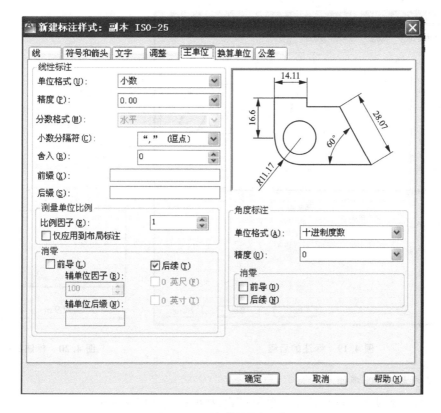

图 4.18 "主单位"选项卡

④"舍入"微调按钮:用于对小数取近似值的设置。如果输入的值为 0.25,则所有长度都将被舍入到最接近 0.25 个单位的数值。如果输入的值为 1.0,则 AutoCAD 将把所有标注距离都舍入到最接近的整数。显示在小数点后的数字的个数取决于在"精度"字段中所作的设置。

⑤"前缀"和"后缀"文本框:分别用于设置标注文字的前缀和后缀,可以是文字,也可以是符号。例如标注文字后需加单位"m",则在"后缀"文本框中输入"m",如图 4.19 所示,图 4.20 为所标注的图形。

⑥"测量单位比例"子选项组:包括"比例因子"微调按钮和"仅应用到布局标注"复选框。设置测量比例因子,可以实现按不同比例绘图时,直接标注实际物体的尺寸,例如绘图时将尺寸缩小一倍,按 1∶2 的比例画图,测量比例因子应设置为 2,而 AutoCAD 将把测量值扩大一倍,使用真实的尺寸进行标注。当选中"仅应用到布局标注"复选框时,则控制仅把比例因子用于布局中的尺寸。

⑦"消零"子选项组:该部分有 4 个选项,"前导"和"后续"复选框是对小数点前后"0"的消除方式的设置,分别设置消除前导 0 字符、后续 0 字符。如果单位格式为工程或建筑,则可选择是否消除 0 英尺和 0 英寸。例如,0.64 消除前导 0 字符后显示为.64,16.64000 消除后续 0 字符后显示为 16.64,0′—4 1/2 消除 0 英尺后显示为 4 1/2,1′—0″消除 0 英寸后显示为 1′。

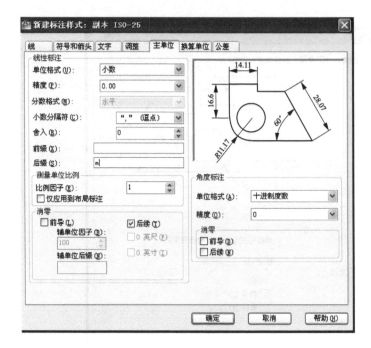 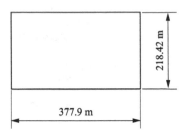

图 4.19　标注的后缀　　　　　　　图 4.20　标注的图形

(2)"角度标注"选项组

该选项组用于设置角度型标注的单位格式、精度以及 0 抑制选项。

①"单位格式"下拉列表框：设置角度单位格式，包括"十进制度数""度/分/秒""百分度"和"弧度"。

②"精度"下拉列表框：设置角度的测量值精度。

③"消零"子选项组：该部分的"前导"和"后续"两个复选框分别设置是否消除前导"0"字符和后续"0"字符。

根据国标制图要求，对"主单位"选项卡进行相应的设置，结果如图 4.21 所示。

6."换算单位"选项卡

该选项卡(见图 4.22)用于将一种标注换算到另一测量系统的单位。它包含"换算单位""消零"和"位置"三个选项组。只有在选中"显示换算单位"复选框后，各选项组内的各个选项才能被启用，否则各选项组都为灰色，不能对其进行设置。

根据国家制图标准，通常不需要显示换算单位，因此用户不需要对其进行专门设置，直接采用基础样式 ISO.25 的设置，即不选中"显示换算单位"复选框。

7."公差"选项卡

该选项卡(见图 4.23)用于确定是否标注公差，如果标注，以何种方式进行标注。包含"公差格式"和"换算单位公差"两个选项组。

(1)"公差格式"选项组

①"方式"下拉列表框：设置公差的产生方法。"无"表示不标注公差；"对称"表示添加正负值相同的公差；"极限偏差"，表示添加正负值不同的公差，公差值在"上偏差"和"下偏差"中确定；"极限尺寸"，表示添加正负值不同的公差，这种公差中最大值等于标注值加上"上偏差"

图 4.21 根据国标制图要求设置的"主单位"选项卡

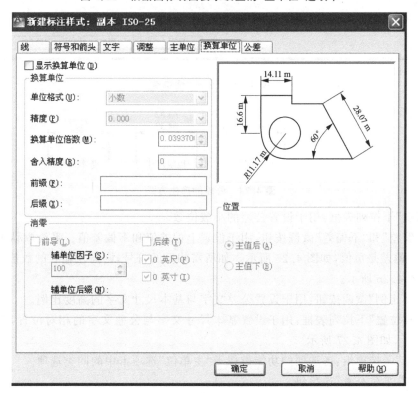

图 4.22 "换算单位"选项卡

中的值,最小值等于标注值减去"下偏差"中的值;"基本尺寸"表示在实际测量值外绘出方框。图4.24显示了这些方式产生的不同标注效果。

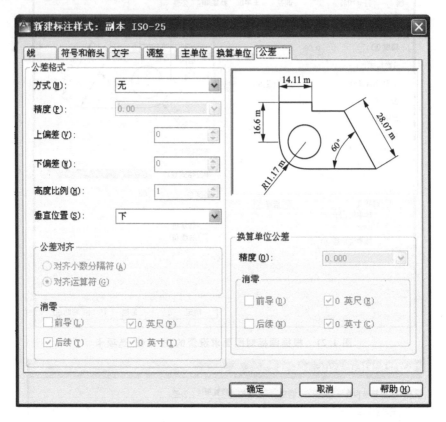

图4.23 "公差"选项卡

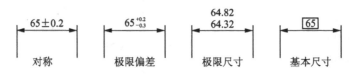

图4.24 公差的产生方式

② "精度"下拉列表框:用于设置公差的小数位数。

③ "上偏差"和"下偏差"微调按钮:用于设置上偏差值和下偏差值。系统默认的值为上偏差是正值,下偏差是负值,如图4.25所示。如所需相反的符号,则需在输入的数值前先输入负号"一",如图4.26所示。

④ "高度比例"微调按钮:用于设置公差文字与基本尺寸文字的高度比例。

⑤ "垂直位置"下拉列表框:用于设置基本尺寸文字与公差文字的相对位置,有"下""中""上"三种选择,如图4.27所示。

⑥ "消零"子选项组:各选项的功能类似于"主单位"选项卡中的同类选项。

(2) "换算单位公差"选项组

该选项组中的各选项功能与"公差格式"选项组中的同类选项相同。如果不需要标注公差时,可直接采用基础样式ISO.25的设置。

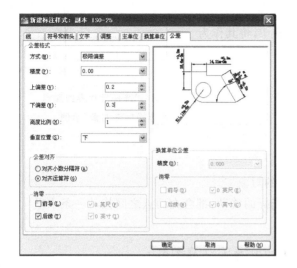

图 4.25　上、下偏差值的设置及预览效果　　　　图 4.26　符号相反的偏差值的设置方法

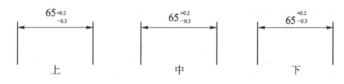

图 4.27　"垂直位置"示例

用户对以上 7 个选项卡的有关选项进行了设置后,单击"确定"按钮,回到"标注样式管理器"对话框,再单击"置为当前"按钮后,前面的设置才起作用,关闭该对话框,即可进行尺寸标注。

注意:对"修改标注样式"或"替代标注样式"对话框进行设置后,直接关闭"标注样式管理器"即可。

任务 3　尺寸标注方法

4.3.1　线性标注

线性标注用于标注水平两点间的尺寸和垂直两点间的尺寸。

1. 输入命令的方法
- 菜单:标注→线性
- 工具栏:标注→按钮
- 工具栏:注释→按钮
- 命令行:DIMLINEAR↙或 DLI↙或 DIMLIN↙

2. 命令行提示

指定第一个尺寸界线原点或＜选择对象＞:

此时有两种操作方法：

① 用户指定一个点，如图 4.28 所示的点 A 或点 B，将其作为第一条尺寸界线的起点。AutoCAD 会提示：

指定第二条尺寸界线原点：

用户可指定第二条尺寸界线的起点。

② 按回车键，则 AutoCAD 会提示：

选择标注对象：

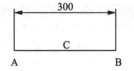

图 4.28 "选择尺寸界线原点和选择标注对象"示例

用户可选取要进行标注的线段，如图 4.28 所示的对象 C。

完成以上两种操作方法中的任意一种后，随着光标的移动，都会在两点之间拖动一条水平方向或垂直方向的尺寸线，命令行会提示：

指定尺寸线位置或[多行文字(M)/文字(T)/角度(A)/水平(H)/垂直(V)/旋转(R)]：

这时可以靠拖动鼠标把尺寸线放置在水平或垂直位置，以达到标注水平线性尺寸和垂直线性尺寸的要求。还可以输入字母 H，将标注设置为水平线性尺寸；输入字母 V，将标注设置为垂直线性尺寸。在指定的位置单击，即完成了线性标注。

3. 选项说明

① 多行文字：键入字母 M 后按回车键，即进入该选项，AutoCAD 将显示"文字编辑器"对话框（见图 4.29），用户可以在标注尺寸前后添加其他文字，也可以输入新值代替测量值（默认的标注文字为实际测量值，在对话框中测量值用尖括号"＜ ＞"表示）。

图 4.29 "文字编辑器"对话框

② 文字：键入字母 T 后按回车键，即进入该选项，用户可输入替代测量值的标注文字。

③ 角度：键入字母 A 后按回车键，即进入该选项，用于确定标注文字的书写角度。

④ 水平：键入字母 H 后按回车键，即进入该选项，用户可在前面指定的两点之间标注水平尺寸。

⑤ 垂直：键入字母 V 后按回车键，即进入该选项，用户可在前面指定的两点之间标注垂直尺寸。

⑥ 旋转：键入字母 R 后按回车键，即进入该选项，用户可在前面指定的两点之间设置尺寸线的旋转角度，标注示例如图 4.30 所示。在进行旋转线性尺寸标注时，可以指定实体的两个端点，也可以直接选取实体，当命令行出现提示：

指定尺寸线位置或[多行文字(M)/文字(T)/角度(A)/水平(H)/垂直(V)/旋转(R)]：

此时要输入字母 R，并按回车键，然后命令行提示：

指定尺寸线的角度 ＜0＞：

此时输入尺寸线的旋转角度,例如数值 64,然后按回车键,命令行再次出现:

指定尺寸线位置或[多行文字(M)/文字(T)/角度(A)/水平(H)/垂直(V)/旋转(R)]:

此时在图 4.30 所示的尺寸线位置上单击来确定尺寸线的位置即可。

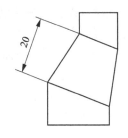

图 4.30　旋转线性尺寸标注

4.3.2　对齐标注

对齐标注的尺寸线平行于由两条尺寸界线起点确定的直线(见图 4.5)。

1. 输入命令的方法

- 菜单:标注→对齐
- 工具栏:标注→按钮
- 工具栏:注释→按钮
- 命令行:DIMALIGNED↙ 或 DAL↙ 或 DILALI↙

2. 命令行提示

指定第一条尺寸界线原点或〈选择对象〉:
指定第二条尺寸界线原点:
指定尺寸线位置或[多行文字(M)/文字(T)/角度(A)]:

以上的操作选项与"线性标注"类似,这里不再详细介绍。

如果标注直线或圆弧,采用选择第一条、第二条尺寸界线原点或直接选择对象的方法,结果都是一样的;如果标注对象是圆,只能采用选择对象的方法,选择对象时的拾取点确定了标注直径的第一条尺寸界线的原点。

4.3.3　坐标标注

坐标标注就是标注指定点的坐标值,是沿一条简单的引线显示点的 X 或 Y 坐标。这些标注也称为基准标注。AutoCAD 使用当前用户坐标系(UCS)确定测量的 X 或 Y 坐标,并且沿与当前 UCS 轴正交的方向绘制引线。按照通行的坐标标注标准,采用绝对坐标值。

1. 输入命令的方法

- 菜单:标注→坐标
- 工具栏:标注→按钮
- 工具栏:注释→按钮
- 命令行:DIMORDINATE↙ 或 DOR↙ 或 DIMORD↙

2. 命令行提示

指定点坐标:

此时选取要标注坐标值的点,一般可以利用捕捉的方式来确定。命令行提示:

指定引线端点或[X 基准(X)/Y 基准(Y)/多行文字(M)/文字(T)/角度(A)]:

此时可以直接拖动鼠标并单击即可直接确定引线端点的位置，使用点坐标和引线端点的坐标差可确定它是 X 坐标标注还是 Y 坐标标注。如果 Y 坐标的坐标差较大，标注就测量 X 坐标，否则就测量 Y 坐标。也可以输入选项来进行某项操作，然后再指定引线的位置。

3. 选项说明

① X 基准：指定 X 坐标标注，测量 X 坐标并确定引线和标注文字的方向。

② Y 基准：指定 Y 坐标标注，测量 Y 坐标并确定引线和标注文字的方向。

其他选项与前两个标注命令的选项相同，这里就不再介绍了。

图 4.31 列出了五边形的五个顶点的 10 个坐标标注，其中标注文字为水平方向的是 Y 坐标标注，而标注文字为垂直方向的是 X 坐标标注。

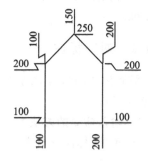

图 4.31 "坐标标注"示例

4.3.4 半径标注

该标注用于标注圆或圆弧的半径。

1. 输入命令的方法

- 菜单：标注→半径
- 工具栏：标注→按钮 ⊙
- 工具栏：注释→按钮 ⊙
- 命令行：DIMRADIUS↙ 或 DRA↙ 或 DIMRAD↙

2. 命令行提示

选择圆弧或圆：

用户根据提示选定对象后，光标将拖动标注移动，同时在命令行提示：

指定尺寸线位置或[多行文字(M)/文字(T)/角度(A)]：

用户可以通过控制鼠标光标来确定尺寸线的位置，从而实现半径标注。标注结果如图 4.32 所示，其他选项类似于"线性标注"选项说明。

4.3.5 直径标注

该标注用于标注圆或圆弧的直径。

1. 输入命令的方法

- 菜单：标注→直径
- 工具栏：标注→按钮 ⊗
- 工具栏：注释→按钮 ⊗
- 命令行：DIMDIAMETER↙ 或 DDI↙ 或 DIMDIA ↙

2. 命令行提示

系统提示的各选项与"半径标注"的命令选项相同，请参考前面的内容。标注结果如图 4.32 所示。

图 4.32 "半径标注"与"直径标注"示例

4.3.6 角度标注

角度标注用于标注两条直线之间的夹角、圆弧的弧度或三点间的角度。

1. 输入命令的方法
- 菜单:标注→角度
- 工具栏:标注→按钮△
- 工具栏:注释→按钮△
- 命令行:DIMANGULAR↙或 DAN↙或 DIMANG↙

2. 命令行提示

选择圆弧、圆、直线或<指定顶点>:

3. 选项说明

(1) 选择圆弧

如果在此提示下选择了一个圆弧,AutoCAD 以圆心为角的顶点、以圆弧端点为尺寸界线的起点来确定要标注的角度,并提示:

指定标注弧线位置或[多行文字(M)/文字(T)/角度(A)]:

该提示要求用户指定尺寸线(弧形)的位置或选择其他选项,这 3 个选项在前面已经多次述及,在此不再重复,标注示例如图 4.33 所示。

(2) 选择圆

如果选择了一个圆,AutoCAD 以圆心为角的顶点,以拾取点作为第一条尺寸界线的起点,然后系统提示:

指定角的第二个端点:

用户再指定第二条尺寸界线的起点,该点无须位于圆上。这样便确定了角度的大小。同时系统提示:

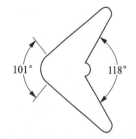

图 4.33 "角度标注"示例

指定标注弧线位置或[多行文字(M)/文字(T)/角度(A)]:

该提示同选择圆弧后出现的提示相同。

(3) 选择直线

如果选择了一条直线,则系统会提示:

选择第二条直线:

根据提示用户指定第二条尺寸界线,系统继续提示：

指定标注弧线位置或[多行文字(M)/文字(T)/角度(A)]：

移动光标确定标注的位置,标注示例如图4.33所示。

（4）指定顶点

直接按回车键进入该选项后,系统将提示：

指定角的顶点：
指定角的第一个端点：
指定角的第二个端点：

按提示操作完之后,系统仍然提示：

指定标注弧线位置或[多行文字(M)/文字(T)/角度(A)]：

这时指定标注位置即可完成角度标注,其他3个选项已在前面多次述及,这里不再介绍。

4.3.7 快速标注

该标注用于一次标注多种对象。

1. 输入命令的方法

- 菜单:标注→快速标注
- 工具栏:标注→按钮
- 命令行:QDIM↵

2. 命令行提示

选择要标注的几何图形：

此时可以选择多个对象,点选和窗选都可以。每选一次,系统都会提示：

选择要标注的几何图形：

在此提示下,对象选择完毕后,按回车键或右击,接着系统提示：

指定尺寸线位置或[连续(C)/并列(S)/基线(B)/坐标(O)/半径(R)/直径(D)/基准点(P)/编辑(E)/设置(T)]＜连续＞：

在此提示下,如果直接指定一点,系统将用当前默认的类型标注所有选择的对象。如果用选项中的任一种形式标注,请输入选项文字后面括号内的字母,然后回车。

3. 选项说明

① 连续:连续标注选择到的所有对象。
② 并列:内嵌式地标注所有选择到的对象。
③ 基线:将选择到的对象进行基线标注。
④ 坐标:标注所选对象特征点的坐标。
⑤ 半径:标注所选择到的圆或圆弧的半径。
⑥ 直径:标注所选择到的圆或圆弧的直径。
⑦ 基准点:设置基线标注和坐标标注的新基准点。
⑧ 编辑:用于对快速标注的选择集进行修改。AutoCAD提示在现有标注中添加或删

除点。

⑨ 设置:为指定尺寸界线原点设置默认对象捕捉。

4.3.8 基线标注

基线标注是以已有标注的一个尺寸界线为公共基准生成的多次标注,因此在基线标注之前,必须已经存在标注。基线标注可以应用于线性标注、角度标注,标注示例如图 4.34 所示。

1. 输入命令的方法
- 菜单:标注→基线
- 工具栏:标注→按钮 ⊟
- 命令行:DIMBASELINE↙ 或 DBA↙ 或 DIMBASE↙

2. 命令行提示

如果在当前任务中未创建标注,AutoCAD 将提示:

选择基准标注:

此时用户可选择线性标注、坐标标注或角度标注,以用作基线标注的基准,这时作为基准的尺寸界线是离选择拾取点最近的基准标注的尺寸界线。

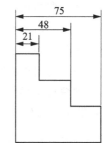

图 4.34 "基线标注"示例

如果在当前任务中已创建了标注,AutoCAD 将跳过该提示,并在当前任务中使用上一次创建的标注对象。默认情况下,AutoCAD 使用基准标注的第一条尺寸界线作为基线标注的尺寸界线原点,也可以通过选择基准标注来替换默认情况。如果基准标注是线性标注或角度标注,将显示下列提示:

指定第二条尺寸界线原点[放弃(U)/选择(S)]<选择>:

指定点、输入选项或回车选择基准标注。如果指定第二条尺寸界线的位置,系统将自动放置尺寸线。两条尺寸线间的距离可以在标注样式中设置。

如果基准是坐标标注,将显示下列提示:

指定点坐标或[放弃(U)/选择(S)]<选择>:

将基准标注的端点用作基线标注的端点,系统将提示指定下一个点坐标。选择点坐标时,AutoCAD 绘制基线标注并重新显示:

指定点坐标:

要结束此命令,请按回车键两次,或按 Esc 键。

3. 选项说明

① 放弃:放弃在命令任务期间上一个输入的基线标注。

② 选择:AutoCAD 提示选择一个线性标注、坐标标注或角度标注作为基线标注的基准。选择基准标注后,AutoCAD 将重新显示:

指定第二条尺寸界线原点:

或

指定点坐标:

此时操作方式与前面相同。

4.3.9 连续标注

连续标注与基线标注一样，不是基本的标注类型，是一个由线性标注或角度标注所组成的标注族。与基线标注不同的是，后标注尺寸的第一条尺寸界线为上一个标注尺寸的第二条尺寸界线。

1. 输入命令的方法
- 菜单：标注→连续
- 工具栏：标注→按钮 ⊢⊢⊢
- 命令行：DIMCONTINUE✓ 或 DCO✓ 或 DIMCONT ✓

2. 命令行提示
如果在当前任务中未创建标注，AutoCAD 将提示：

选择连续标注：

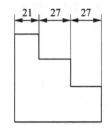

图 4.35 "连续标注"示例

该提示与基线标注的提示"选择基准标注"相似，此时的操作方法与"基线标注"的操作方法相同，此后系统提示的各选项与"基线标注"的命令选项也相同，请参考前面的内容。标注示例如图 4.35 所示。

4.3.10 引线标注

引线标注一般用于标识旁注性的说明文字，或对图形的某个部位进行说明，如图 4.5 所示的引出说明。

1. 输入命令的方法
- 命令行：QLEADER✓ 或 LE✓

2. 命令行提示

指定第一个引线点或[设置(S)]<设置>：

这时用户可指定引线起点，或输入 S 设置引线选项。说明如下：
（1）指定引线起点
指定了引线起点后，系统会继续提示：

指定下一点：

根据提示指定引线的转折点，系统继续提示：

指定下一点：

指定引线的终点，即文字的起点，系统继续提示：

指定文字宽度<0>：

输入文字宽度后，系统会提示：

输入注释文字的第一行<多行文字(M)>：

这时输入第一行文字，打开"多行文字编辑器"对话框，设置所需的文字后单击"确定"

即可。

输入注释文字的下一行:

根据提示输入第二行文字,也可以连续按两次回车键结束文字标注。

(2) 输入 S 设置引线选项

输入 S 设置引线选项后,将打开图 4.36 所示的"引线设置"对话框。该对话框中有 3 个选项卡,在该对话框中可以设置引线的格式和引线注释的类型,指定多行文字选项,并指明是否需要重复使用注释。说明如下:

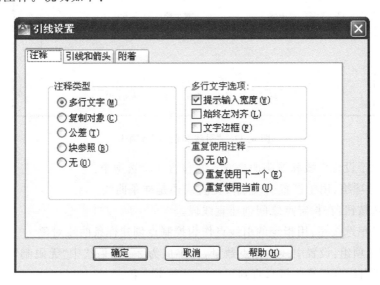

图 4.36 "引线设置"对话框

① "注释"选项卡如图 4.36 所示。该选项卡包含 3 个选项组:

• "注释类型"选项组:用于设置旁注对象的类型。

"多行文字"单选按钮:提示创建多行文字注释。

"复制对象"单选按钮:提示复制多行文字、单行文字、公差或块参照对象。

"公差"单选按钮:显示"公差"对话框,用于创建将要附引线的形位公差框格。

"块参照"单选按钮:提示插入一个块参照。

"无"单选按钮:创建无注释的引线。

• "多行文字选项"选项组:用于设置多行文字的格式。只有在"注释类型"选项组中把注释类型设为"多行文字"类型时,才能设置该选项。

"提示输入宽度"复选框:提示指定多行文字注释的宽度。

"始终左对齐"复选框:无论引线位置在何处,多行文字注释应靠左对齐。

"文字边框"复选框:在多行文字注释周围放置边框。

• "重复使用注释"选项组:用于设置注释的重复使用方式,具体选项说明如下:

"无"单选按钮:表示不重复使用引线注释。

"重复使用下一个"单选按钮:表示以后所有的注释都使用下一个注释。

"重复使用当前"单选按钮:表示使用最近建立的注释。

② "引线和箭头"选项卡如图 4.37 所示。

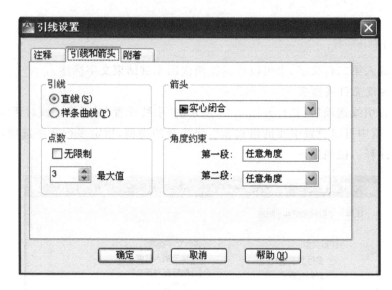

图 4.37 "引线和箭头"选项卡

该选项卡用于设置引线和箭头的格式。它包含 4 个选项组：
- "引线"选项组：用于设置引线线段是直线还是样条曲线。

"直线"单选按钮：在指定点之间创建直线段。

"样条曲线"单选按钮：用指定的引线点作为控制点创建样条曲线对象。
- "点数"选项组：设置引线的顶点数量，最小值为 2。如果选中"无限制"，则不限制顶点数量（即引线可任意曲折），直到用户按回车才结束。
- "箭头"选项组：设置引线箭头的形状。
- "角度约束"选项组：设置引线第一段的角度和第二段的角度。

③ "附着"选项卡如图 4.38 所示，该选项卡用于设置引线与多行文字注释的相对位置。只有选择了"注释"选项卡中的"多行文字"时，此选项卡才可用。

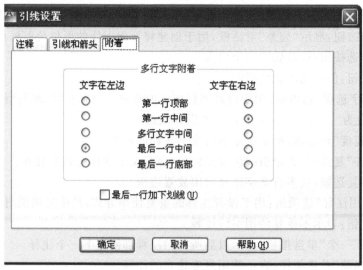

图 4.38 "附着"选项卡

- "多行文字附着":当注释文字位于引线的左侧或右侧时,设置多行文字与引线的上下对齐关系。以引出标注文字在右为例,具体说明如下:

"第一行顶部":将引线附加到多行文字的第一行顶部(见图 4.39(a))。
"第一行中间":将引线附加到多行文字的第一行中间(见图 4.39(b))。
"多行文字中间":将引线附加到多行文字的中间(见图 4.39(c))。
"最后一行中间":将引线附加到多行文字的最后一行中间(见图 4.39(d))。
"最后一行底部":将引线附加到多行文字的最后一行底部(见图 4.39(e))。

- "最后一行加下划线"复选框:是否在标注文字的最后一行画出下划线。

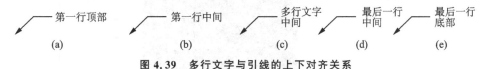

图 4.39 多行文字与引线的上下对齐关系

4.3.11 圆心标记

圆心标记有小十字和中心线两种。创建方法为在"标注样式管理器"的"直线和箭头"选项卡中"圆心标记"选项组的"类型"中设定。

1. 输入命令的方法

- 菜单:标注→圆心标记
- 工具栏:标注→按钮 ⊕
- 命令行:DIMCENTER↙ 或 DCE↙

2. 命令行提示

选择圆弧或圆:

按提示选择圆弧或圆后,AutoCAD 会用当前圆心标记符号来标记所选择的圆弧或圆。图 4.40 所示的是圆心标记类型分别为"标记"和"直线"时的示例。

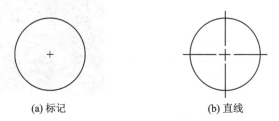

图 4.40 "圆心标记"示例

注意:圆心符号的大小在"标注样式管理器"的"直线和箭头"选项卡中"圆心标记"选项组的"大小"中设定,也可由尺寸标注系统变量 DIMCEN 的值来控制,在"命令"状态下输入 DIMCEN 并按回车键即可修改系统变量 DIMCEN 的值。

4.3.12 多重引线

输入命令的方法:

- 菜单:标注→ 多重引线(E)

- 工具栏：注释→按钮
- 命令行：mleader↙

(1) 设置多重引线样式

执行"格式"→"多重引线设置"设置，弹出"多重引线样式管理器"对话框，如图4.41所示。

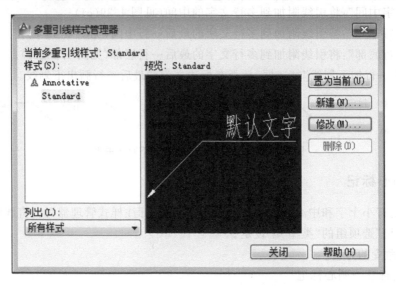

图4.41 "多重引线样式管理器"对话框

单击"修改"按钮，将弹出"修改多重引线样式"对话框，选择"内容"选型卡，如图4.42所示，在"引线连接"区设置，设置文字为"最后一行加下划线"。

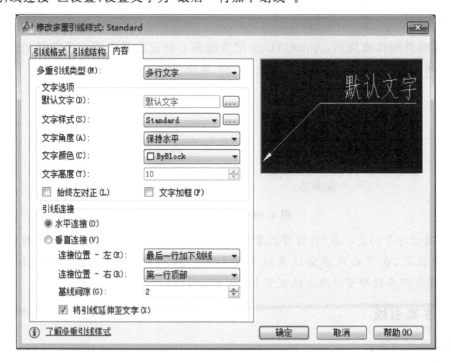

图4.42 "修改多重引线样式"对话框

(2) 执行"多重引线"命令

命令窗口内容如下：

指定引线箭头的位置或［引线基线优先(L)/内容优先(C)/选项(O)］＜引线基线优先＞://选择A点指定引线基线的位置://选择B点

指定对角点或［栏选(F)/圈围(WP)/圈交(CP)］://输入文字"E"

任务4　公差标注

4.4.1　尺寸公差

尺寸公差的设置与标注方法见4.2.2节中"公差"选项卡的说明，这里不再重复。

4.4.2　形位公差

1. 输入命令的方法
- 菜单：标注→公差
- 工具栏：标注→按钮 ⊕¹
- 命令行：TOLERANCE↵

2. 选项说明

激活命令后，将弹出"形位公差"对话框，如图4.43所示。

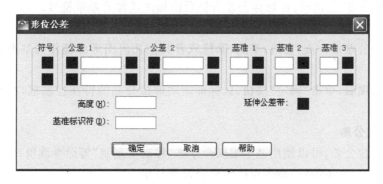

图4.43　"形位公差"对话框

下面对"形位公差"对话框中各选项进行说明：

①"符号"选项组：单击"符号"下面的黑色方块，弹出"符号"对话框，如图4.44所示。可以通过该对话框选择形位公差的代号。

图中：

形状公差符号有：━(直线度)、◇(平面度)、○(圆度)、⌀(圆柱度)、⌒(线轮廓度)、⌒(面轮廓度)。

位置公差符号有：∥(平行度)、⊥(垂直度)、∠(倾斜度)、◎(同轴度)、╪(对称度)、⊕(位置度)、↗(圆跳动)、↗↗(全跳动)。

②"公差"选项组：在"公差"文本框中输入公差数值，单击左侧的黑色方块，插入直径符号

⌀,单击文本右侧的黑色方块,则弹出"附加符号"对话框,如图 4.45 所示。在该对话框中可以设置包容条件。

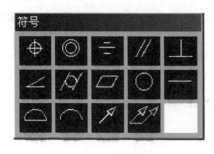

图 4.44 "符号"对话框

图 4.45 "附加符号"对话框

图中:

Ⓜ:表示最大包容条件,规定零件在极限尺寸内的最大包容量。

Ⓛ:表示最小包容条件,规定零件在极限尺寸内的最小包容量。

Ⓢ:表示不考虑特征条件,不规定零件在极限尺寸内的任意几何大小。

③ "基准"选项组:在"形位公差"对话框的"基准"文本框中,"白框"中输入基准代号 A、B、C 等,"黑框"中单击来选择包容条件符号。

④ "高度"文本框:在"形位公差"对话框中创建投影公差带的值。投影公差带控制固定垂直部分延伸区的高度变化,并以位置公差控制公差精度。在框中输入值。

⑤ "延伸公差带"复选框:在延伸公差带值后面加注延伸公差带符号。

⑥ "基准标识符"文本框:输入基准标识符。基准是理论上精确的几何参照,用于建立其他特征的位置和公差带。点、直线、平面、圆柱或者其他几何图形都能作为基准。在该框中输入字母。

设置完成选项后,单击"确定"按钮,鼠标即拖动形位公差的特征控制框,在指定位置画出即可。

3. 编辑形位公差

已生成的形位公差,可以使用基本编辑命令如"移动""复制"等命令编辑,也可以使用夹点编辑或特性编辑。"文本编辑"命令可以编辑公差字符串。

激活"文本编辑"命令以后,系统会提示选择文本对象,如果选择了已生成的形位公差,则系统显示图 4.41 所示的对话框,在该对话框中可以对所选择的形位公差各项进行修改。

任务5 尺寸标注的编辑

4.5.1 编辑标注

当尺寸标注布局不合理时,可以进行编辑。

1. 输入命令的方法

• 菜单:标注→倾斜

• 工具栏:标注→按钮

- 命令行:DIMEDIT↵或 DED↵

2. 命令行提示

输入标注编辑类型[默认(H)/新建(N)/旋转(R)/倾斜(O)]<默认>:

用户可以根据需要选择相应的选项对尺寸进行编辑。

3. 选项说明

① 默认:用于将旋转的标注文字恢复为原来的默认位置,但对未作修改的标注文字不起作用。选中的标注文字移回到由标注样式指定的默认位置和旋转角,示例如图4.46所示。

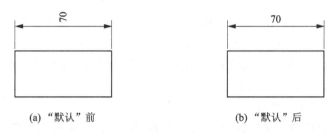

(a) "默认"前　　　　　　　　(b) "默认"后

图 4.46　旋转后的标注文字"默认"编辑

② 新建:设置新的标注文字。选择该选项后,将会弹出"多行文字编辑器"对话框,该对话框编辑区中的<>表示生成的测量值。要给生成的测量值添加前缀或后缀,请在<>前后输入前缀或后缀。要编辑或替换生成的测量值,请删除<>,输入新的标注文字后单击"确定"按钮。

③ 旋转:选择该选项后,被选择的标注文字将旋转到用户指定的角度。

④ 倾斜:用于控制尺寸界线的倾斜角度。如图 4.47(a)图的标注修改成(b)图。

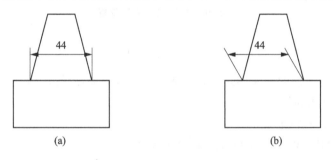

(a)　　　　　　　　(b)

图 4.47　尺寸界线的"倾斜"编辑

4.5.2　编辑标注文字

该命令用于调整标注文字的位置。

1. 输入命令的方法

- 菜单:标注→对齐文字
- 工具栏:标注→按钮
- 命令行:DIMTEDIT↵或 DIMTED↵

2. 命令行提示

选择标注:

根据提示选择一标注对象。

指定标注文字的新位置或[左(L)/右(R)/中心(C)/默认(H)/角度(A)]:

此时用户可拖动鼠标动态更新标注文字的位置。要确定文字显示在尺寸线的上方、下方还是中间,请在"新建/修改/替代标注样式"对话框中的"文字"选项卡中选择,也可以根据需要选择相应的选项进行编辑。

3. 选项说明

① 左:将标注文字移到尺寸线的左侧,垂直尺寸则移到第二条尺寸界线处。如图 4.48(a)图被编辑成(b)图所示。本选项只适用于线性、直径和半径标注。

② 右:将标注文字移到尺寸线的右侧,垂直尺寸则移到第一条尺寸界线处。如图 4.48(c)所示。本选项只适用于线性、直径和半径标注。

③ 中心:将标注文字移到尺寸线的中间。

④ "默认"和"角度"两选项的说明,请参考前面"编辑标注"中的同类选项。

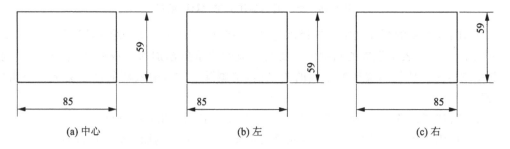

图 4.48 标注文字的新位置

4.5.3 标注更新

该命令用于使用当前的标注样式更新所选标注原有的标注样式。输入命令的方法:

- 菜单:标注→更新
- 工具栏:标注→按钮
- 命令行:DIMSTYLE↙ 或 DST↙ 或 DIMSTY↙

任务 6 阀杆工程图的绘图步骤

① 单击"新建",选择"A4 的 X 型样板图"。

② 建立图层,如表 4-1 所列。

表 4-1 图 层

图层名	颜色	线型	线宽
轮廓线	白色	Continuous	0.5

续表 4-1

图层名	颜色	线型	线宽
中心线	红色	CENTER	0.25
文字	洋红	Continuous	0.25
尺寸标注	蓝色	Continuous	0.25

③ 利用矩形、直线、偏移命令绘制符合国标规定的图框,如图 4.49 所示。

图 4.49 绘制图框

④ 绘制标题栏,使用多行文字填写相关信息,如图 4.50 所示。

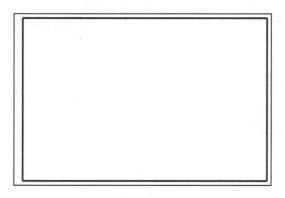

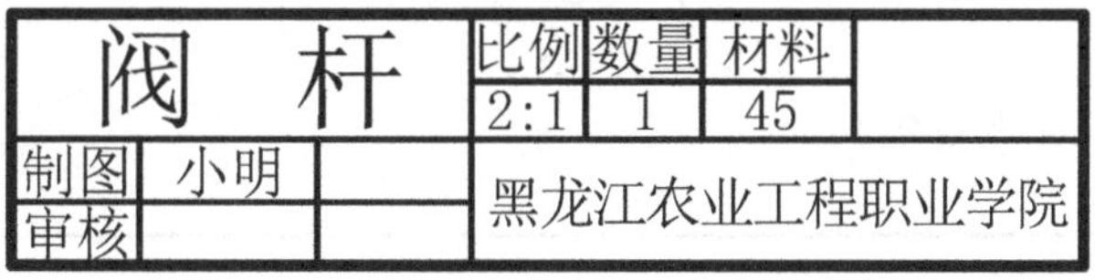

图 4.50 标题栏

⑤ 使用直线、圆弧、图案填充、偏移、镜像等命令绘制主视图,如图 4.51 所示。

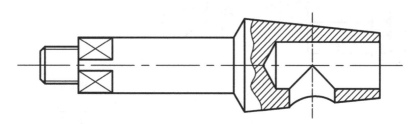

图 4.51 阀杆主视图

⑥ 使用直线、正多边形、圆、偏移修剪等命令绘制阀杆断面图,如图 4.52 所示。

⑦ 利用线性、角度、引线标注工程图,如图 4.53 所示。

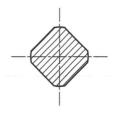

图 4.52 阀杆断面图

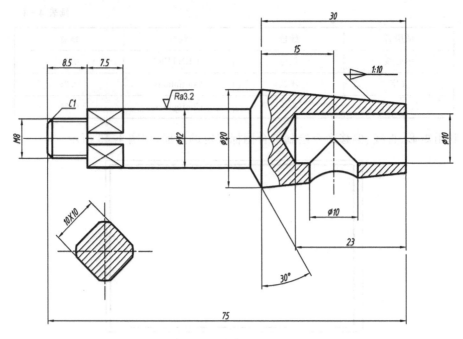

图 4.53 阀杆尺寸标注

技能训练

绘制下列工程图(比例自定)。

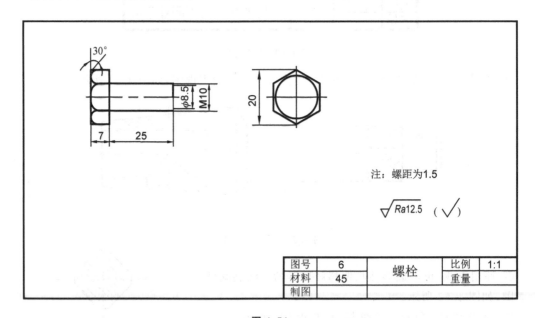

图 4.54

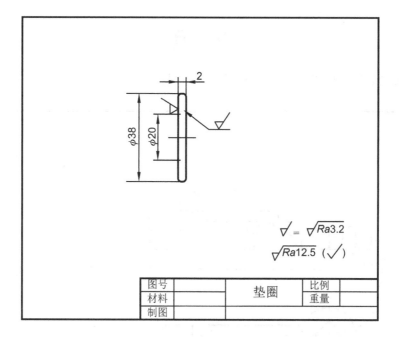

图 4.55

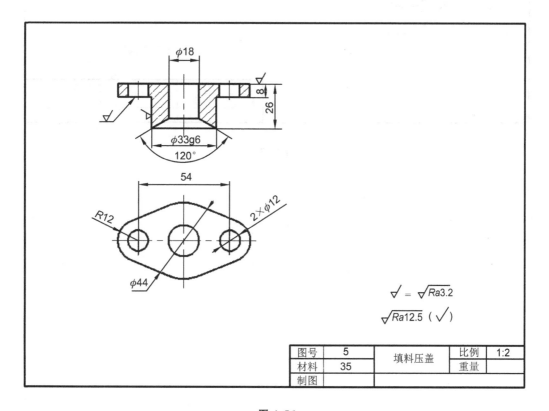

图 4.56

习 题

按要求比例绘制工程图,填写标题栏,标注尺寸及技术要求。

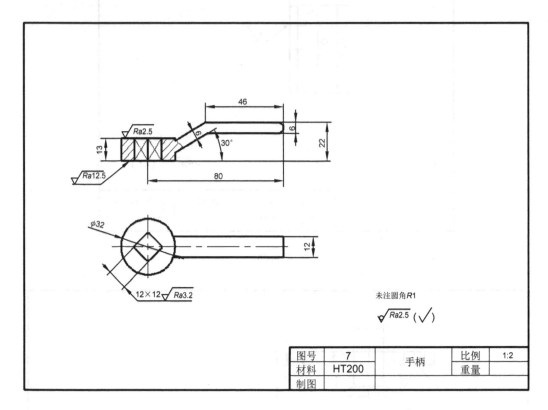

图 4.57

实 战 篇

项目五　支座三视图绘制

【项目说明】

通过本项目学会应用形体分析法,将支座分为圆柱筒、圆台、凸台、底板、耳板、肋板;掌握用 AutoCAD 软件绘制支座三视图的方法;首先绘制中心线,确定三视图的位置,然后分别绘制出圆柱筒、圆台、凸台、底板、耳板、肋板,最后完善各处细节;掌握支座三视图的尺寸标注方法。支座三视图的绘制如图 5.1 所示。

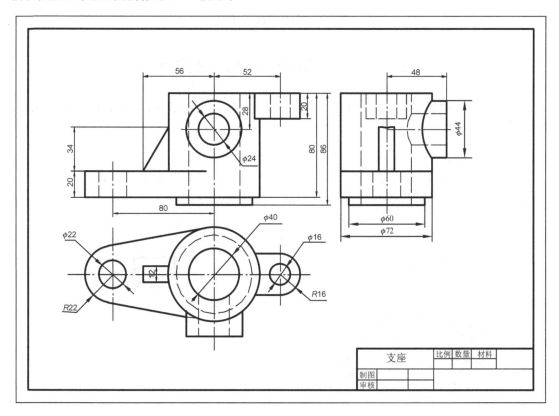

图 5.1　支座三视图的绘制

【知识目标】

◆ 使用二维绘图命令绘制支座的三视图。

◆ 对零件图进行标注。
◆ 绘制标题栏和图框。

【能力目标】

◆ 使用直线、圆、圆弧、矩形、正多边形、对象捕捉模式等命令绘制支座的三视图。
◆ 利用偏移、修剪、图案填充、镜像、复制等命令对图形进行修改编辑。
◆ 能完成三视图尺寸标注。

任务1 调用对象捕捉工具栏

对象捕捉的作用和启用方法见项目一任务6。

在"视图"菜单栏选择"工具栏",打开"工具栏"对话框,并选择"对象捕捉"复选框,"对象捕捉"工具栏如图5.2所示。

图5.2 "对象捕捉"工具栏

任务2 图框和标题栏的建立

单击"文件"→"新建",就会出现图5.3所示的"选择样板"对话框,可以直接选择"A3的X型样板"。

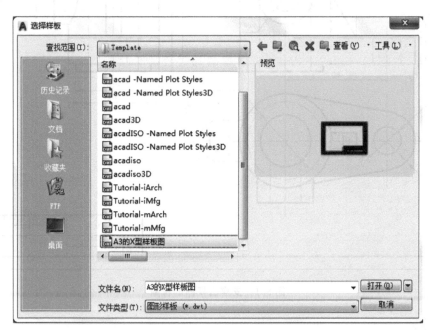

图5.3 "选择样板"对话框

任务3　设置绘图环境

首先设置绘图环境,本实例要用到的图层有0层(粗实线层)、细实线层、中心线层、虚线层、尺寸线层。打开"图层特性管理器"分别新建几个图层,如图5.4所示。

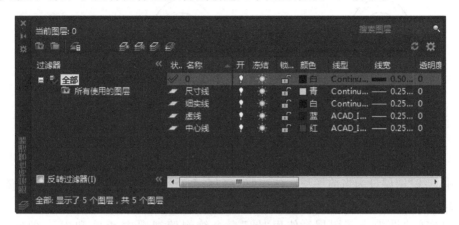

图5.4　"图层特性管理器"对话框

任务4　绘制圆筒和圆台

将"中心线"图层设为当前图层。使用"直线"命令绘制点划线作为三视图的基准,如图5.5(a)所示。

将"粗实线"和虚线图层依次设为当前图层。使用"圆"命令绘制俯视图,如图5.5(b)所示。

将"粗实线"和"虚线"图层依次设为当前图层。使用"直线"命令绘制主视图,如图5.5(c)所示。

单击"修改"面板上的"复制"命令,将主视图复制到左视图,如图5.5(d)所示。

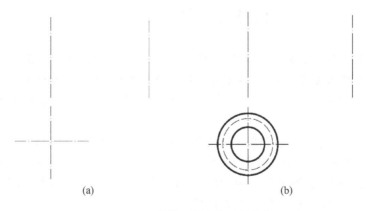

图5.5　圆筒和圆台的绘制步骤

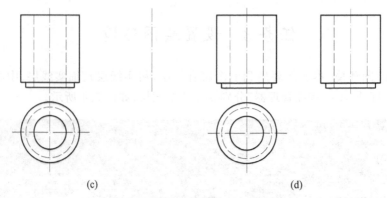

图 5.5　圆筒和圆台的绘制步骤(续)

任务 5　绘 制 底 板

将"中心线"图层设为当前图层。使用"偏移"命令,设置偏移距离为 80,绘制出俯视图中底板孔的轴线,如图 5.6(a)所示。

将"粗实线"设为当前图层。使用"圆"命令绘制俯视图中 $\Phi22$ 和 $R22$ 的同心圆,如图 5.6(b)所示。

使用"直线"命令,设置对象捕捉模式为切点,绘制俯视图中底板轮廓线;用"修剪"命令修剪掉多余的轮廓线,如图 5.6(c)所示。

将"粗实线"设为当前图层,使用"直线"命令绘制出主视图中底板轮廓,如图 5.6(d)所示。

将"中心线"和"虚线"图层依次设为当前图层,使用"直线"命令绘制主视图中底板上孔的轮廓线以及轴线,如图 5.6(e)所示。

将"细实线"设为当前图层,绘制 45°线,使用"直线"命令,根据俯视图中切点位置,确定左视图中切线长度(见图 5.6(f)),从而绘制出切线(见图 5.6(g))。

将"虚线"图层设为当前图层,使用"直线"命令,绘制左视图中底板上孔的轮廓线,如图 5.6(h)所示。

任务 6　绘 制 凸 台

将"中心线"图层设为当前图层,使用"直线"命令绘制一条距离圆柱上表面轮廓线 28 的点划线,使用夹点编辑调整点划线长度;绘制左视图中点划线,如图 5.7(a)所示。

将"粗实线"设为当前图层,使用"圆"命令绘制主视图中 $\Phi44$ 和 $\Phi24$ 的同心圆,如图 5.7(b)所示。

将"粗实线"设为当前图层,使用"直线"命令绘制左视图中 $\Phi44$ 的外轮廓线,如图 5.7(c)所示。

根据相贯线近似画法,使用"圆"命令,以两圆柱交点处为圆心,绘制辅助圆 $\Phi72$,然后以中心线和辅助圆交点为圆心绘制 $\Phi72$ 的圆,修剪多余圆线,完成相贯线绘制,如图 5.7(d)所示。

同理,画出虚线处的相贯线,如图 5.7(e)所示。

将"中心线"和"虚线"图层依次设为当前图层,使用"直线"命令绘制出俯视图中凸台的轮廓线,如图 5.7(f)所示。

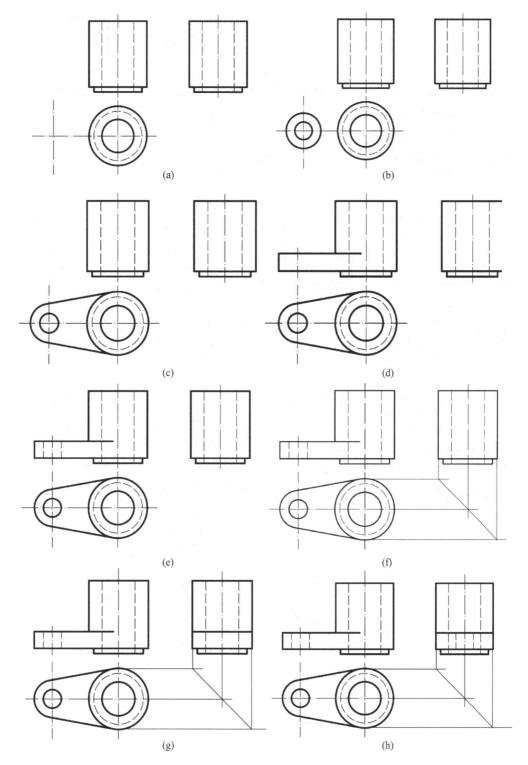

图 5.6 底板的绘制步骤

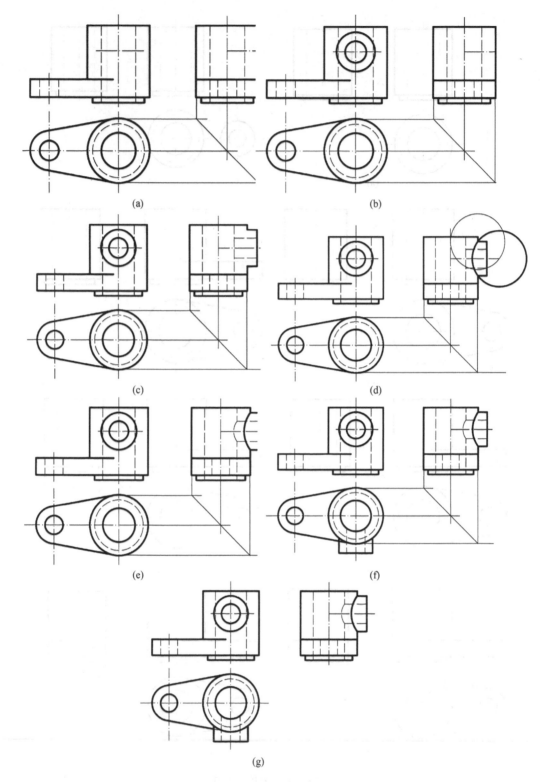

图 5.7 凸台的绘制步骤

单击"修改"面板下的"打断于点命令",将凸台遮住的图线改为虚线,如图5.7(g)所示。

任务7 绘制耳板

将"中心线"图层设为当前图层,使用"偏移"命令,设置偏移距离为52,绘制俯视图中耳板孔的轴线,用"直线"命令绘制主视图中耳板孔的轴线,如图5.8(a)所示。

将"粗实线"设为当前图层,使用"圆"命令绘制俯视图中 $\Phi16$ 和 $R16$ 的同心圆,如图5.8(b)所示。

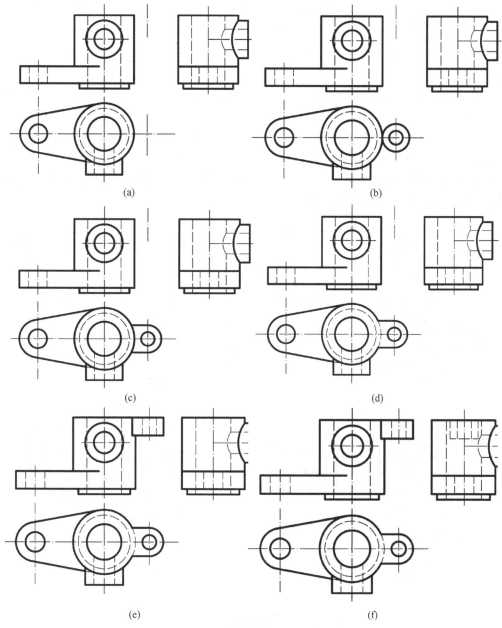

图5.8 耳板的绘制步骤

使用"直线"命令绘制俯视图中耳板的轮廓线,如图 5.8(c)所示。

将"虚线"设为当前图层,使用"圆"命令绘制俯视图中Φ72圆的虚线部分,并用"修剪"命令删除多余图线,如图 5.8(d)所示。

将"粗实线"和"虚线"图层依次设为当前图层,使用"直线"命令绘制主视图中耳板的轮廓线,如图 5.8(e)所示。

将"虚线"图层依次设为当前图层,使用"直线"命令绘制左视图中耳板的轮廓线,如图 5.8(f)所示。

任务8 绘制肋板

将"粗实线"设为当前图层,使用"直线"命令绘制俯视图中肋板的轮廓线,如图 5.9(a)所示。

将"粗实线"设为当前图层,使用"直线"命令绘制主视图中肋板的轮廓线,修剪多余图线,如图 5.9(b)所示。

将"细实线"设为当前图层,使用"直线"命令,根据主视图中肋板的上表面轮廓线上顶点的位置绘制出左视图中肋板上顶点的辅助线,如图 5.9(c)所示。

将"粗实线"设为当前图层,使用"样条曲线"命令绘制出左视图肋板上表面轮廓线;使用"直线"命令绘制出肋板左右两端轮廓线,如图 5.9(d)所示。

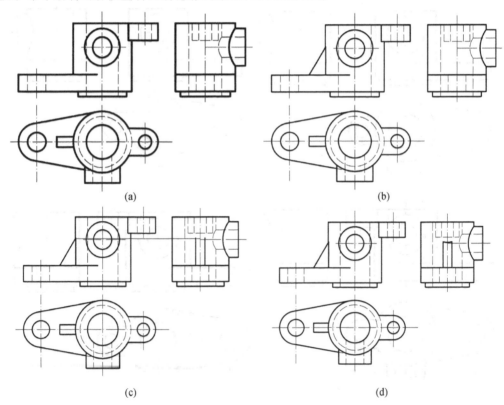

图 5.9 肋板的绘制步骤

任务 9 绘制图框和标题栏

5.9.1 标注基本线性尺寸

设置基本尺寸的标注样式为 ISO.25,完成效果如图 5.10 所示。

5.9.2 标注径向尺寸

在 ISO.25 标注基础上建立径向尺寸标注,设置文字方向为水平,完成效果如图 5.11 所示。

5.9.3 标注径向线性尺寸

在 ISO.25 标注基础上建立线性尺寸标注,设置为主单位加前缀"%%C",用于标注带"Φ"的线性尺寸,例如俯视图中 Φ44、Φ60、Φ70 等,如图 5.12 所示。

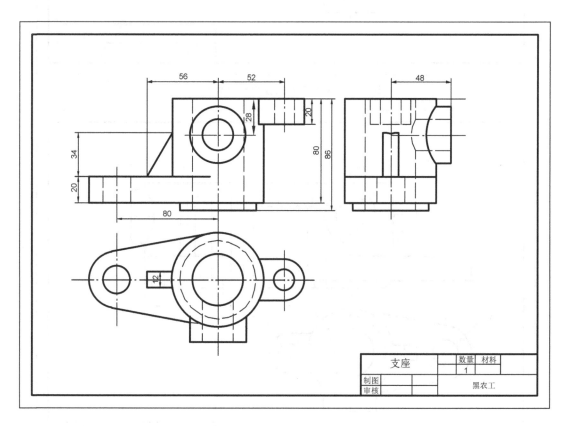

图 5.10 支座三视图基本线性尺寸的标注

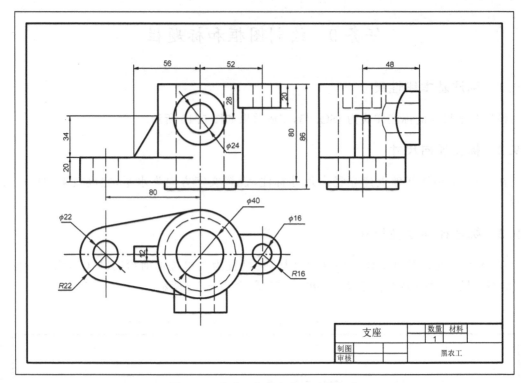

图 5.11　支座三视图径向尺寸的标注

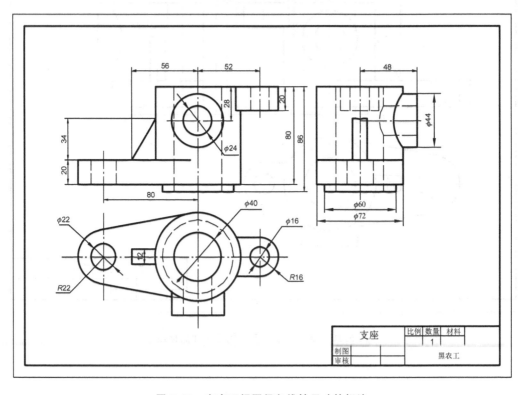

图 5.12　支座三视图径向线性尺寸的标注

技能训练

画三视图并标注尺寸。

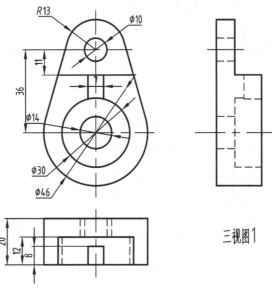

三视图1

图 5.13

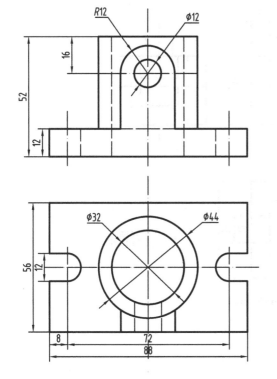

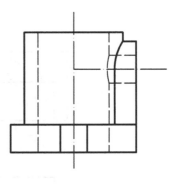

三视图2

图 5.14

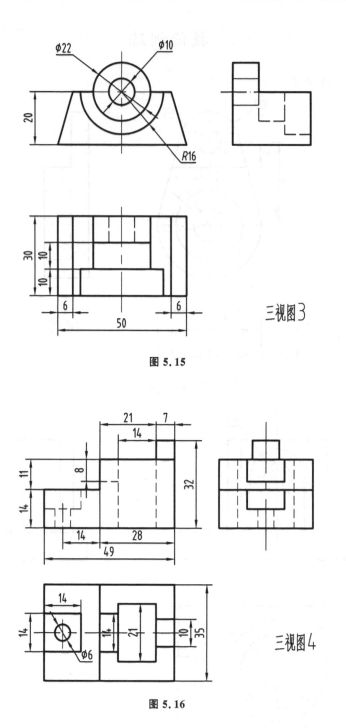

图 5.15

图 5.16

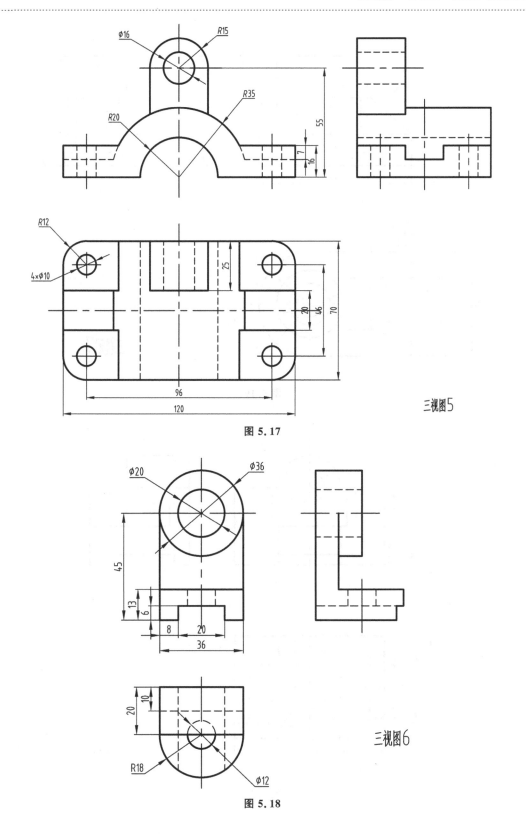

图 5.17

图 5.18

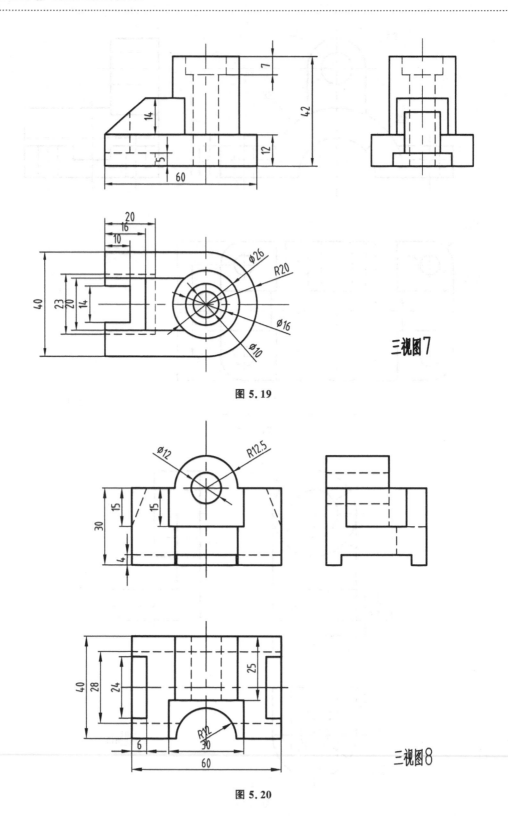

图 5.19

图 5.20

项目六 齿轮油泵主动轴零件图绘制

【项目说明】

通过本项目学习使用 AutoCAD 软件绘制齿轮油泵主动轴零件图,掌握轴类零件的一般绘制方法,学会尺寸标注的设定方法,以及图块命令、尺寸公差命令、文本注释命令的使用方法等。油泵主动轴零件图如图 6.1 所示。

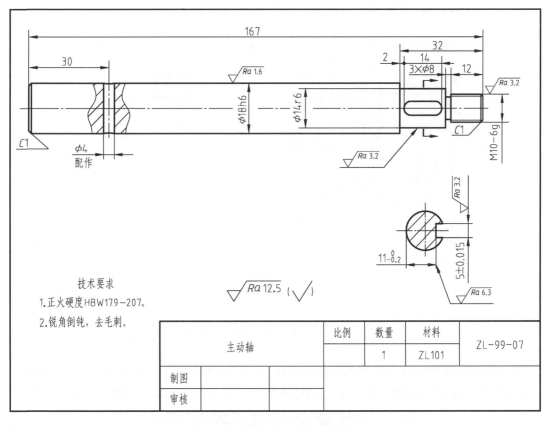

图 6.1 油泵主动轴零件图

【知识目标】

- ◆ 使用二维绘图命令绘制主动轴的零件图。
- ◆ 对零件图进行标注。
- ◆ 绘制图框和标题栏。

【能力目标】

◆ 使用直线、圆、圆弧、矩形、正多边形等命令绘制零件图。
◆ 利用偏移、修剪、图案填充、镜像、复制和块等命令对零件图进行修改编辑。
◆ 能完成零件图尺寸标注和尺寸公差、粗糙度等技术要求的标注。

任务1 选择样本

单击"文件"→"新建",就会出现图6.2所示的"选择样板"对话框,可以直接选择"A4的X型样板图"。

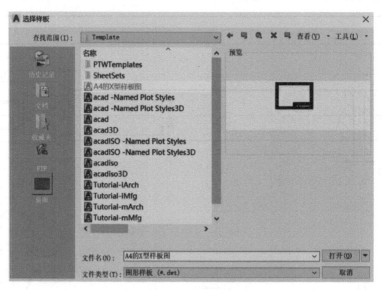

图6.2 选择样板

任务2 设置绘图环境

首先设置绘图环境,本实例要用到的图层有0层(粗实线层)、细实线层、中心线层、虚线层、尺寸线层、文字层、剖面线层。打开"图层特性管理器"对话框分别新建几个图层,如图6.3所示。

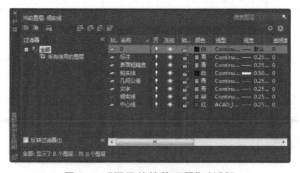

图6.3 "图层特性管理器"对话框

任务3 绘制图形

将"中心线"图层设为当前图层。绘制一条点划线作为主视图基准,如图 6.4 所示。AutoCAD 提示:

命令:_line
指定第一点:
指定下一点或[放弃(U)]:@155,0↙   输入 @155,0
指定下一点或[放弃(U)]:↙

(1)绘制主视图中轴的阶梯状轮廓

使用点划线图层,用"直线"命令和正交模式画出中心线,因为主动轴的主视图平面图形沿轴线方向排列,且大部分线条与轴线平行或垂直。根据图形这一特点,可以先画出轴的上半部分,然后用镜像命令复制出轴的下半部分。

方法 1:用"偏移""修剪"命令绘图。根据各段轴径和长度,平移轴线和左端面垂线,然后修剪多余线条绘制各轴段,如图 6.4 所示。这种方法这里不详述。

图 6.4 绘制轴方法 1

方法 2:将"粗实线"图层设为当前图层。用"直线"命令,结合极轴追踪、自动追踪功能先画出上半部分轴的外部轮廓线,如图 6.5 所示,再通过"镜像"命令得到整个轴图形。AutoCAD 提示:

命令:_line
指定第一点:

在此提示下,在"对象捕捉"快捷菜单中(按下 Shift 键后,右击可打开该菜单)选择"直线偏移"命令。

from 基点:

捕捉已绘水平中心线的左端点。

<偏移>:5↙

从基点向右偏移 5 得到直线的起始点。

指定下一点或[放弃(U)]:(@0,10)↙

读者也可以通过鼠标给定直线下一点方向再直接输入直线长度。

指定下一点或[放弃(U)]:(@15,0)↙
指定下一点或[放弃(U)]:(@0,.1)↙
指定下一点或[放弃(U)]:(@2,0)↙
指定下一点或[放弃(U)]:↙

继续调用"直线"命令,用"对象捕捉"模式从上一条线的右侧端点开始,移动鼠标至中心线,待出现交点符号时单击,直线第一个点完成。

指定下一点或[放弃(U)]:(@0,20)↙
指定下一点或[放弃(U)]:↙

用"直线"命令和"直线偏移"命令完成图 6.5 的绘制。

图 6.5　绘制轴方法 2

执行 MIRROR 命令,镜像图如图 6.5 所示,AutoCAD 提示:

命令:MIRROR↙

或单击绘图工具栏上"镜像"命令。

选择对象:

在图中,拾取除长中心线之外的全部对象。

选择对象:↙
指定镜像线的第一点:

在图中捕捉长水平中心线的一端点。

指定镜像线的第二点:

在图中捕捉长水平中心线的另一端点。

是否删除源对象?[是(Y)/否(N)]<N>:

执行结果如图 6.6 所示。

图 6.6　轴的阶梯状轮廓绘制完成效果图

(2) 用"倒角"命令绘制轴端倒角

如图 6.7 所示,AutoCAD 提示:

命令:CHAMFER 或 CHA↙

或单击编辑工具栏上"倒角"命令。

选择第一条直线或[放弃(U)/多段线(P)/距离(D)/角度(A)/修剪(T)/方式(E)/多个(M)]:A↙
指定第一条直线的倒角长度:2↙
指定第一条直线的倒角角度:45↙

选择第一条直线或[放弃(U)/多段线(P)/距离(D)/角度(A)/修剪(T)/方式(E)/多个(M)]:

选择一条直线。

CHAMFER 选择第二条直线,或按住 Shift 键以应用角点或[放弃(U)/多段线(P)/距离(D)/角度(A)/修剪(T)/方式(E)/多个(M)]:

选择另一条直线。

按下回车键(保持 C1 倒角),选择产生倒角的另一个轴端,重复此步骤,直至 C1 倒角全部完成。

用直线连接倒角端点,完成倒角绘制。

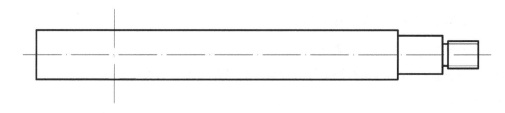

图 6.7　绘制倒角

(3) 绘键槽和销孔

将"细实线"图层设为当前图层。执行"样条曲线"命令,AutoCAD 提示如下:

命令:SPLINE 或 SPL✓

或单击绘图工具栏上"样条曲线"命令。

指定第一点:

在绘图区单击,如果指定了一个点,AutoCAD 会提示输入下一点,不断输入样条曲线的下一个点,直至完成。

指定下一点或[<闭合 C>/放弃(U)]:✓

将"剖面线"图层设为当前图层。执行图案填充命令,如图 6.8 所示,AutoCAD 提示:

命令:HATCH✓

图 6.8　图案填充

或单击绘图工具栏上"样条曲线"命令。"图案"选择机械制图中常用的剖面线图案 ANSI31。

HATCH 拾取内部点或[选择对象(S)/删除边界(B)]:

闭合图形内部点进行填充。提示用户选取填充边界内的任意一点。注意:该边界必须封闭。

HATCH 拾取内部点或[选择对象(S)/删除边界(B)]:↙

用粗实线绘制平键键槽、绘制长圆形键槽孔,结果如图 6.9 所示,AutoCAD 提示:

命令:CIRCLE 或 C

图 6.9　绘制槽和销孔

或单击绘图工具栏上"样条曲线"命令。

CIRCLE 指定圆的圆心[三点(3P)/两点(2P)/切点、切点、半径(T)]:

对象捕捉追踪模式下,从右侧第二段轴端左侧竖直直线与中心线交点开始。

输入距离:↙
指定圆的半径或[直径(D)]:↙
命令:CIRCLE 或 C

或单击绘图工具栏上"样条曲线"命令。

CIRCLE 指定圆的圆心[三点(3P)/两点(2P)/切点、切点、半径(T)]:

对象捕捉追踪模式下,从左侧画好的圆心开始。

输入距离:↙
指定圆的半径或[直径(D)]:↙

用"直线"命令画出键槽的上下表面轮廓线,键槽完成。

(4)绘制键槽断面图

在"点划线"图层执行"直线"命令绘制基准,在"粗实线"图层执行"圆"和"直线"命令绘制断面图轮廓,在"细实线"图层执行"图案填充"命令,结果如图 6.10 所示。

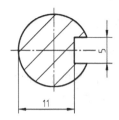

图 6.10　绘制断面图

任务 4　尺寸标注

将"标注"图层设为当前图层。AutoCAD 提示如下:

命令:DIMLINEAR 或 DLI 或 DIMLIN↙

或单击绘图工具栏上"线性标注"命令。

指定第一个尺寸界线原点或 <选择对象>:

此时有两种操作方法:

① 用户指定一个点,如图 6.11 所示的点 A 或点 B,将其作为第一条尺寸界线的起点,AutoCAD 会提示:

指定第二条尺寸界线原点:

用户可指定第二条尺寸界线的起点。

② 直接按回车键,则 AutoCAD 会提示:

选择标注对象:

用户可选取要进行标注的线段,如图 6.11 所示的对象 C。

完成以上两种操作方法中的任意一种后,随着光标的移动,都会在两点之间拖动一条水平方向或垂直方向的尺寸线,命令行会提示:

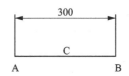

图 6.11 "选择尺寸界线原点和选择标注对象"示例

指定尺寸线位置或[多行文字(M)/文字(T)/角度(A)/水平(H)/垂直(V)/旋转(R)]:

这时可以靠拖动鼠标来把尺寸线放置在水平或垂直位置,以达到标注水平线性尺寸和垂直线性尺寸的要求。还可以输入字母 H,将标注设置为水平线性尺寸;输入字母 V,将标注设置为垂直线性尺寸。在指定的位置单击,即完成了线性标注。

双击数字 2,光标移至数字 2 右侧,输入×1↙,完成退刀槽尺寸标注。

任务5 技术要求的标注

6.5.1 表面粗糙度图块设定

(1)符号图块设置方法

将表面粗糙度的符号设置成图块,并且每次插入图块时都可输入不同的表面粗糙度值。具体操作过程如下:

① 在屏幕上画出如图 6.12 所示的表面粗糙度符号。

② 定义属性,有下面两种操作方法:

• 菜单:绘图→块→定义属性

• 命令行:ATTDEF ↙

激活命令后,在对话框中进行设置,如图 6.13 所示。

③ 给出表面粗糙度数值的插入起点。单击"块"→"属性定义"图标按钮,出现指定起点的对话框,单击图 6.14 中的"○"处。

④ 将带有属性的表面粗糙度符号定义成块,操作方法如下:

• 菜单:绘图→块→创建

• 工具栏:绘图→按钮

• 命令行:BLOCK↙ 或 BMAKE↙ 或 B↙

图6.12 表面粗糙度符号图　　　　图6.13 设置后的"属性定义"对话框

激活命令后，系统会弹出"块定义"对话框，在"名称"下拉列表框中输入图块名称，如图6.15所示。单击"拾取点"按钮，在屏幕上用鼠标拾取图6.16所示的"端点"处，系统又回到"块定义"对话框，单击"选择对象"按钮，单击带有"表面粗糙度"属性的表面粗糙度符号，如图6.17所示，回车，又回到"块定义"对话框，单击"确定"按钮，系统弹出"编辑属性"对话框（见图6.18），在该对话框中可对属性值即"表面粗糙度值"进行修改，最后单击"确定"按钮，即完成了操作。

图6.14 属性的插入点　　　　图6.15 设置后的"块定义"对话框

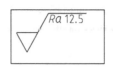

图6.16 图块的拾取点　　　　图6.17 选择对象

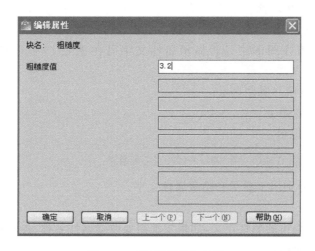

图 6.18 "编辑属性"对话框

插入图块的步骤如下：
- 菜单：插入→块
- 工具栏：插入→按钮
- 命令行：INSERT↙或I↙

激活命令后，系统会弹出"插入"对话框，如图 6.19 所示。在"名称"下拉列表框中选择"表面粗糙度"，确定后命令行出现下面的提示：

图 6.19 "插入"对话框

指定插入点或[比例(S)/X/Y/Z/旋转(R)/预览比例(PS)/PX/PY/PZ/预览旋转(PR)]：

这时用户可直接给出图块需插入的点，则系统提示：

表面粗糙度值 <6.3>：

此时可修改属性值，如果输入 3.2，则输入后的结果如图 6.20 所示。

注意：只有将定义完的属性包含在图块中，才能在插入块时给它赋予不同的属性值，这就需要在建立块的过程中，

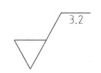

图 6.20 插入带有属性值的图块

选择对象时应包含定义的属性。

（2）属性的显示控制

随块插入的属性值在图形中是否显示属性文字可在图 6.13 中设置,也可应用下面的方法：

- 菜单：视图→显示→属性显示
- 命令行：ATTDISP↙

激活命令后,系统提示：

输入属性的可见性设置[普通(N)/开(ON)/关(OFF)]＜普通＞：

"开"和"关"选项分别用于显示和隐藏属性文字。

（3）编辑属性

① 对于未包含在块中的属性定义,如果发现需要改变属性名称、提示符或默认值,可以使用 DDEDIT 命令进行修改。

激活命令后,系统会提示：

选择注释对象或[放弃(U)]：

用户选择一个已定义的属性对象,或者直接双击图形中的属性对象后,系统都会弹出"编辑属性"对话框,如图 6.21 所示。通过该对话框,用户可以修改属性的名称、提示符或默认值。如果需要对属性进行其他特性编辑,可以使用"工具"菜单中的"对象特性管理器"进行编辑,如图 6.22 所示。

注意：DDEDIT 命令只能对未做成图块或已分解开的属性进行编辑,属性只能定义修改后再做成块,修改的属性才能生效。

图 6.21 "编辑属性"对话框

图 6.22 在"特性"窗口中编辑属性定义

② 对于已经与块建立关联的属性,可以使用两种方法进行编辑。第一种方法：

命令：ATTEDIT↙

激活命令后,系统会提示：

选择块参照：

选择含有属性的块参照之后,系统会弹出如图 6.18 所示的"编辑属性"对话框,在该对话框中可对已经附着到块上的属性值进行修改。

- 菜单：修改→对象→属性→单个

- 工具栏:快→按钮
- 命令行:EATTEDIT

第二种方法是直接双击包含属性的块参照。激活命令后,系统会弹出如图 6.23 所示的"增强属性编辑器"对话框,在该对话框中可对已经附着到块上的属性值进行修改。

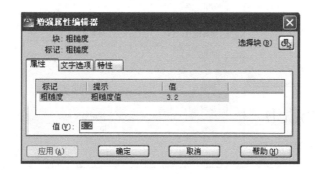

图 6.23 "增强属性编辑器"对话框

(4) 管理属性

AutoCAD 具有管理当前图形中块属性的功能。可应用下面的方法:
- 菜单:修改→对象→属性→块属性管理器
- 工具栏:快→按钮
- 命令行:BATTMAN

激活命令后,系统会弹出"块属性管理器"对话框,如图 6.24 所示。利用"块属性管理器",用户可在块中编辑属性定义、从块中删除属性以及更改插入块时系统提示的属性值的顺序。

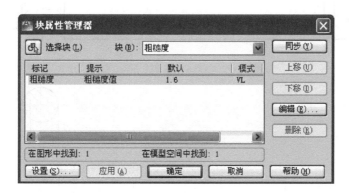

图 6.24 "块属性管理器"对话框

6.5.2 文本编辑

按照项目二任务 10 的方法,建立图 6.25 所示的"文字样式"类型。

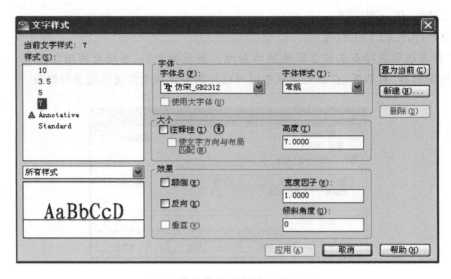

图 6.25 "文字样式"对话框

任务 6 标注步骤

① 设置标注样式进行尺寸标注,并引线标注倒角尺寸,如图 6.26 所示。

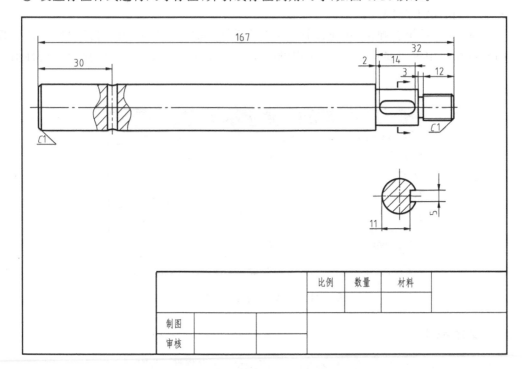

图 6.26 尺寸标注步骤 1 完成效果

② 设置线性直径标注样式进行径向尺寸标注,如图 6.27 所示。
③ 设置尺寸公差并标注,如图 6.28 所示。

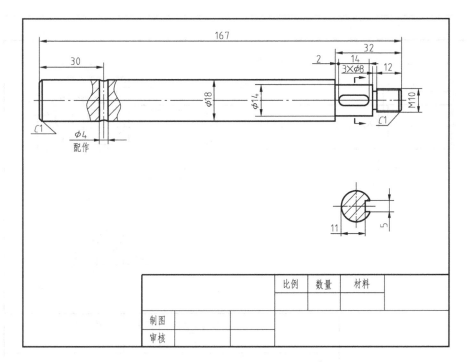

图 6.27 尺寸标注步骤 2 完成效果

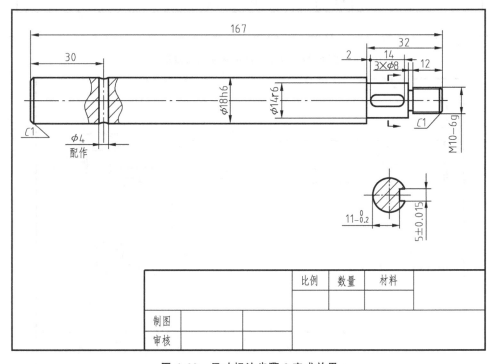

图 6.28 尺寸标注步骤 3 完成效果

④ 设定表面粗糙度图块并标注,如图 6.29 所示。

⑤ 设置文本注释命令,书写标题栏、技术要求中的文字,如图 6.30 所示,完成齿轮油泵主动轴零件图的绘制。

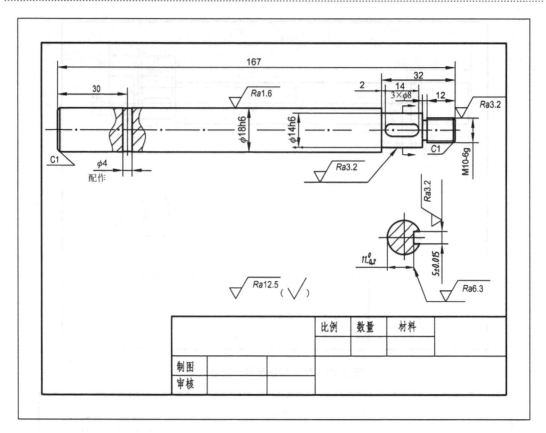

图 6.29 尺寸标注步骤 4 完成效果

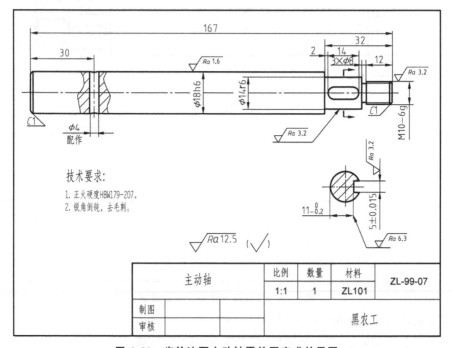

图 6.30 齿轮油泵主动轴零件图完成效果图

技能训练

画零件图并标注尺寸及技术要求。

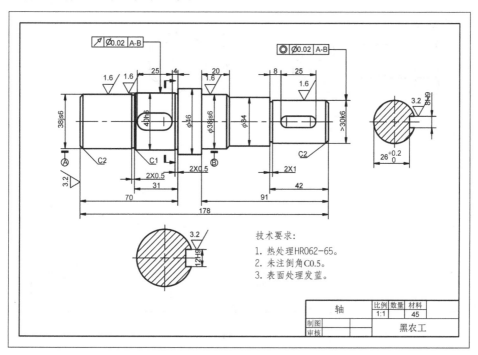

图 6.31

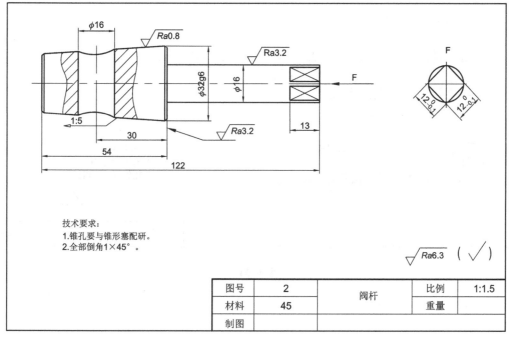

图 6.32

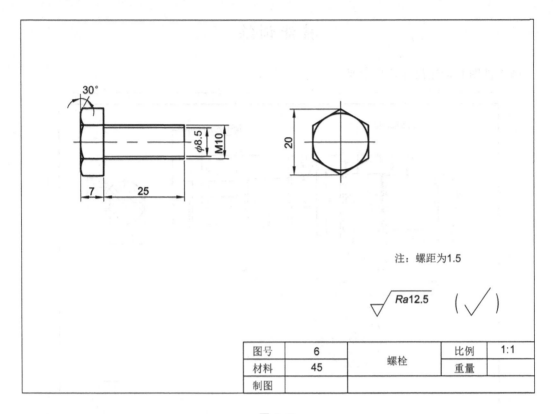

图 6.33

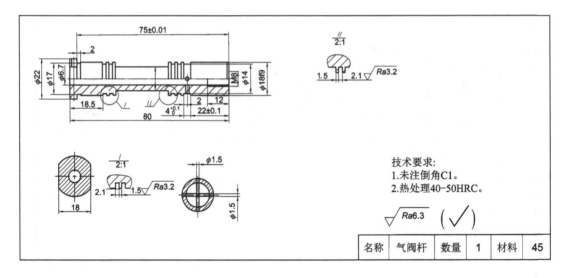

图 6.34

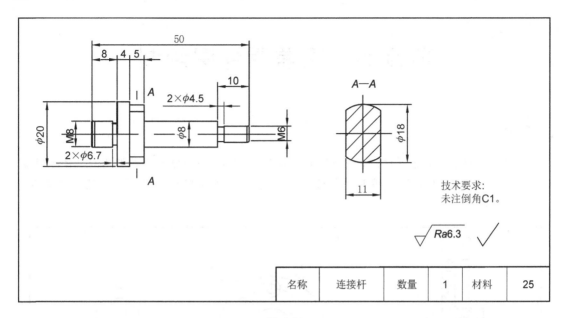

图 6.35

项目七 泵盖零件图绘制

【项目说明】

通过本项目学习泵盖零件图的绘制;掌握轮盘类零件的 CAD 常规绘制办法;学习圆弧、复制、倒圆角命令的使用方法;掌握形位公差(几何公差)、基准的设定及标注方法。泵盖零件图如图 7.1 所示。

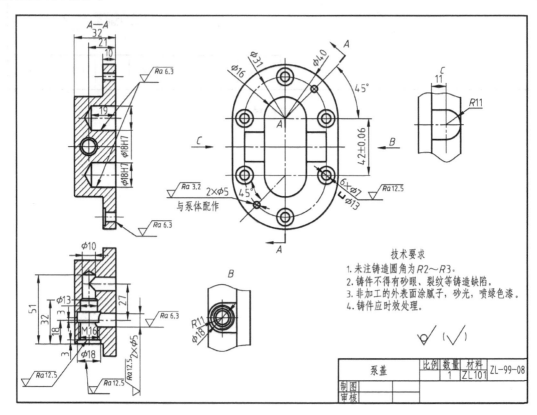

图 7.1 泵盖零件图

【知识目标】

◆ 使用二维绘图命令绘制主动轴的零件图。
◆ 对零件图进行标注。
◆ 绘制图框和标题栏。

【能力目标】

◆ 使用直线、圆、圆弧、矩形、正多边形等命令绘制零件图。

◆ 利用偏移、修剪、图案填充、镜像、复制、缩放、倒角、旋转等命令对图形进行修改编辑。
◆ 完成零件图尺寸标注和尺寸公差、粗糙度以及形位公差等技术要求的标注。

任务1　设置绘图环境

① 单击"文件"→"新建",选择"A3 的 X 型样板图"。
② 建立图层,如图 7.2 所示。

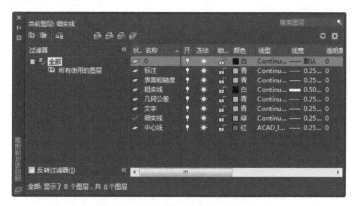

图 7.2　"图层特性管理器"对话框

任务2　绘制左视图基准

利用"直线""偏移""圆""修剪"命令绘制左视图基准,如图 7.3 所示。

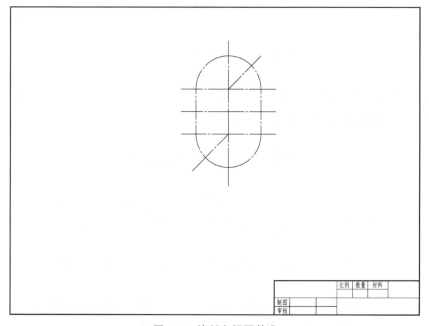

图 7.3　绘制左视图基准

任务3　绘制左视图

将"轮廓线"置为当前,绘制所有圆,利用"圆"命令中的"圆心、半径"或"圆心、直径"命令画出 Φ7 和 Φ13 表示的沉头孔,用"复制"命令绘制其余 5 个沉头孔,利用"直线"命令绘制其余直线部分,用"修剪"命令减掉多余图线,用"倒圆角"命令绘制图形中的圆角,如图 7.4 所示。

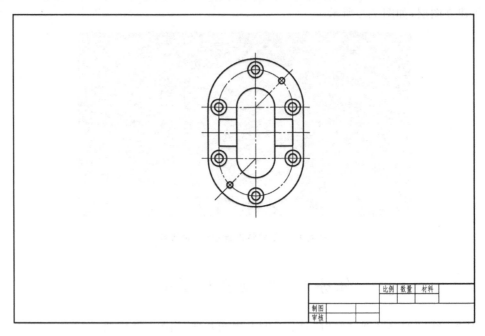

图 7.4　绘制左视图

任务4　绘制主视图

在"粗实线"图层执行"圆""直线"和"倒圆角"命令绘制轮廓线,在"细实线"图层执行"图案填充"命令绘制剖面线,如图 7.5 所示。

任务5　绘制俯视图

在"粗实线"图层执行"圆""直线"和"倒圆角"命令绘制轮廓线,在"细实线"图层执行"图案填充"命令绘制剖面线,执行"直线"命令绘制螺纹大径,如图 7.6 所示。

任务6　绘制局部视图和局部放大图

在"粗实线"图层执行"圆""直线"命令绘制轮廓线,在"细实线"图层执行"样条曲线"命令绘制波浪线,执行"圆"命令和"修剪"命令绘制螺纹大径,如图 7.7 所示。

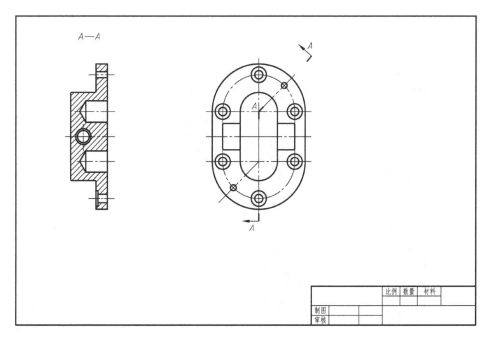

图 7.5 绘制主视图

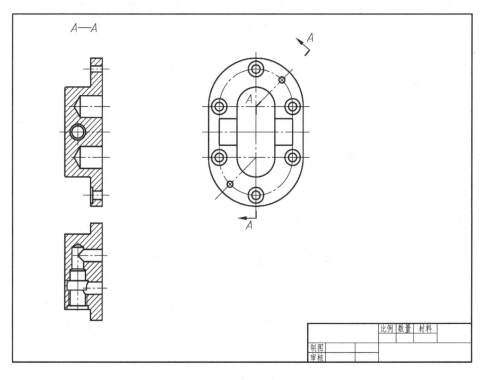

图 7.6 绘制俯视图

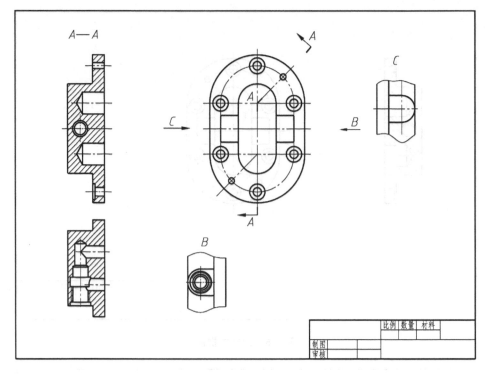

图 7.7 绘制局部视图和局部放大图

任务 7　标注基本线性尺寸

设置基本线性尺寸的标注样式为 ISO.25,完成效果如图 7.8 所示。

任务 8　标注基本径向尺寸

在 ISO.25 标注基础上建立径向尺寸标注,设置为主单位加前缀"％％C",用于标注带"Φ"的线性尺寸,例如俯视图中 Φ10、Φ13 等,如图 7.9 所示。

任务 9　标注形位公差

该零件图技术要求标注需要使用的绘图命令有:"图块"命令,"尺寸公差"命令、"文本注释"命令、"形位公差"命令(即机械制图的几何公差)等。形位公差在项目四任务 4 里有详细讲解。

* 工具栏:标注→按钮

弹出"形位公差"对话框,如图 7.10 所示。

设置完各选项后,单击"确定"按钮,鼠标即拖动形位公差的特征控制框,在指定位置画出即可。

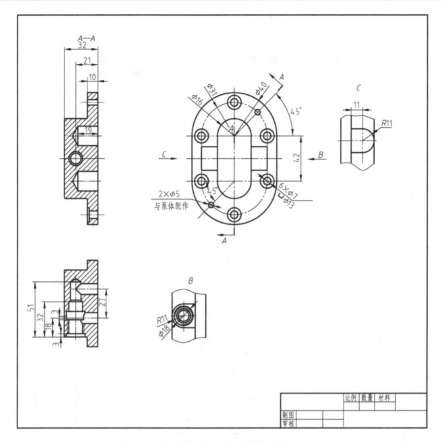

图 7.8 基本线性尺寸标注完成效果

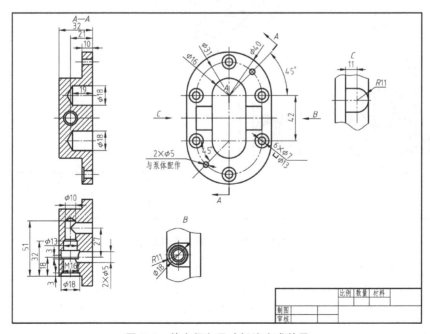

图 7.9 基本径向尺寸标注完成效果

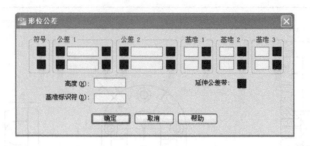

图 7.10 "形位公差"对话框

任务 10 技术要求标注步骤

① 设置尺寸公差并标注,完成效果如图 7.11 所示。

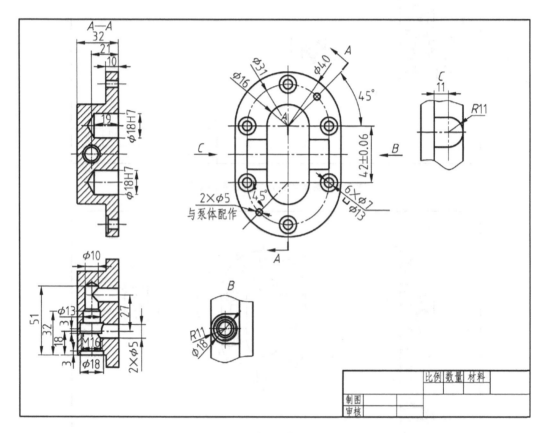

图 7.11 尺寸公差标注完成效果

② 设置表面粗糙度图块并标注,完成效果如图 7.12 所示。
③ 设置基准图块、形位公差(即机械制图中几何公差)并标注,完成效果如图 7.13 所示。
④ 设置文本注释命令,书写标题栏、技术要求中的文字,完成效果如图 7.14 所示。

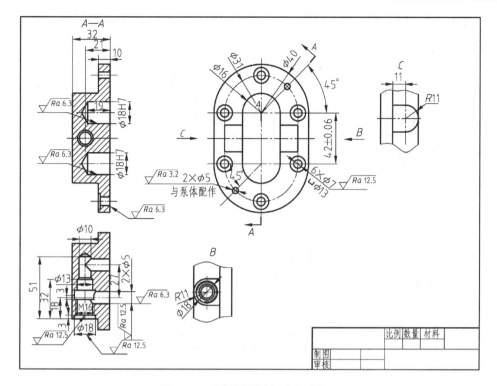

图 7.12 表面粗糙度标注完成效果

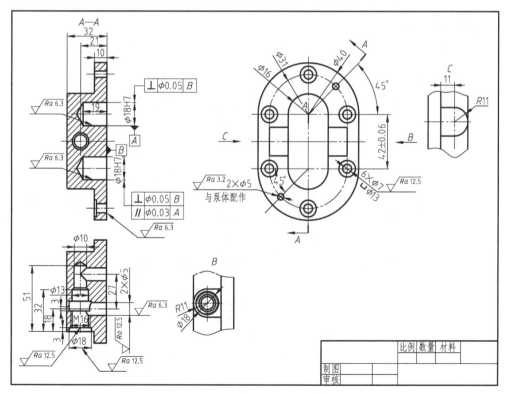

图 7.13 几何公差标注完成效果

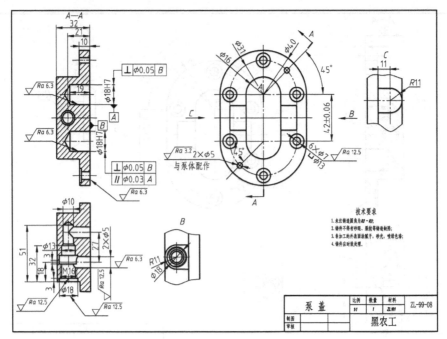

图 7.14 泵盖零件图完成效果图

技能训练

画盘盖类零件图。

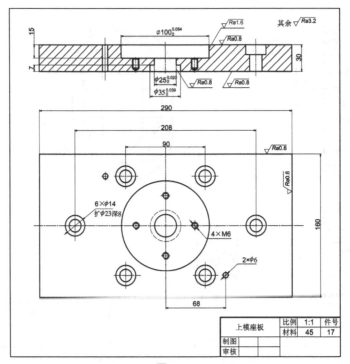

图 7.15

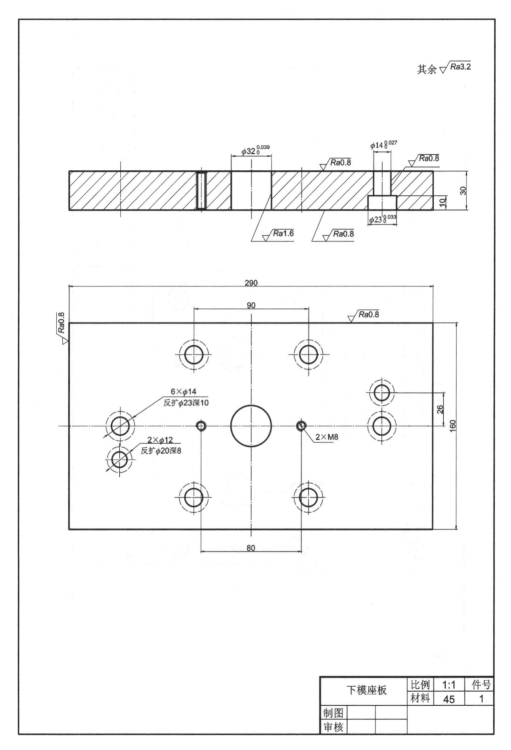

图 7.16

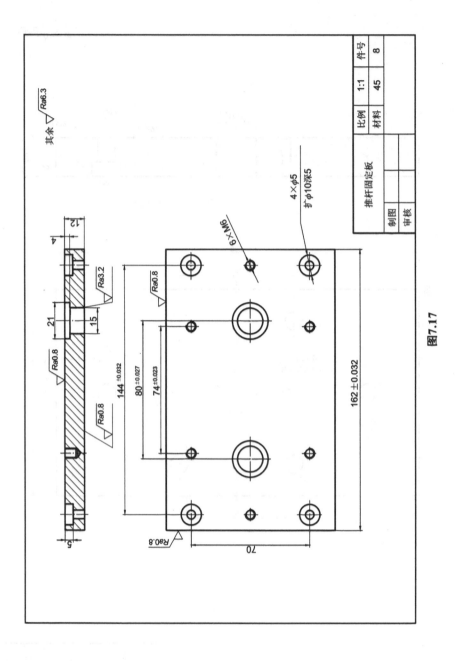

图7.17

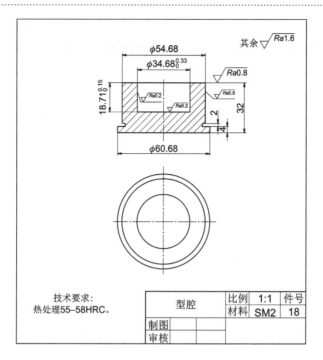

图 7.18

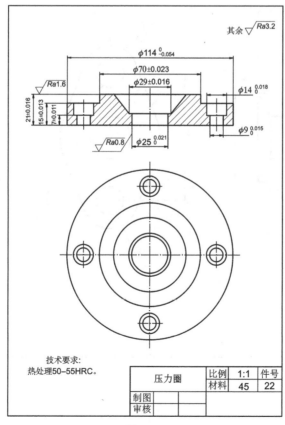

图 7.19

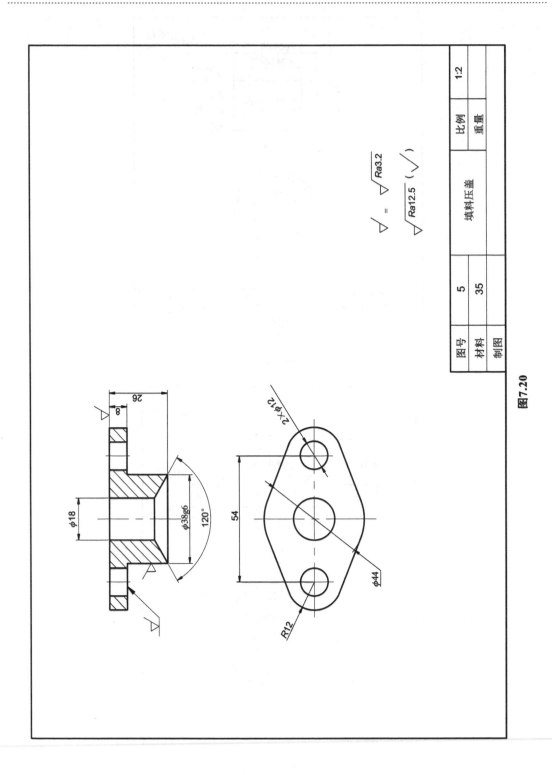

图7.20

项目八 泵体零件图的绘制

【项目说明】

通过本项目学习泵体零件图的CAD画法;掌握箱体类零件CAD常规绘制方法,并按要求对绘制好的泵体进行尺寸标注和技术要求标注。泵体零件图如图8.1所示。

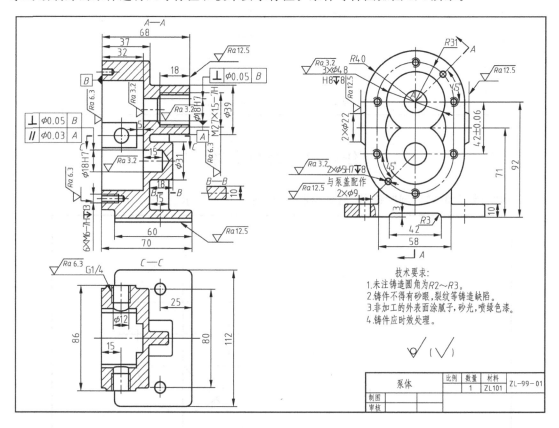

图8.1 泵体零件图

【知识目标】

◆ 使用二维绘图命令绘制泵体的零件图。
◆ 对零件图进行标注。
◆ 绘制图框和标题栏。

【能力目标】

◆ 使用直线、圆、圆弧、矩形、正多边形等命令绘制基准和箱体类零件图形。
◆ 利用偏移、修剪、图案填充、镜像、复制、倒角、圆角、阵列等命令对图形进行修改编辑。

◆ 完成箱体类零件图形尺寸标注和用多段线、块、引线等命令完成技术要求的标注。

任务 1　设置泵体零件图图层

① 单击"文件"→"新建",选择"A2 的 X 型样板图"。
② 建立图层,如表 8-1 所列。

表 8-1　图　层

图层名	颜色	线型	线宽
粗实线	白色	Continuous	0.5
细实线	白色	Continuous	0.25
中心线	红色	CENTER	0.25
文字	绿色	Continuous	0.25
尺寸标注	青色	Continuous	0.25

任务 2　绘制基准

利用"直线""偏移""圆""修剪"命令绘制基准,如图 8.2 所示。

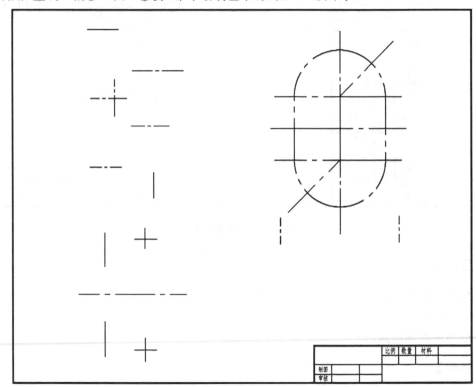

图 8.2　绘制基准

任务3　绘制视图

详细画出主视图(全剖视图)、俯视图(全剖视图)和左视图(局部视图),并在主视图筋板附近绘制出筋板的移出断面图,如图8.3所示。

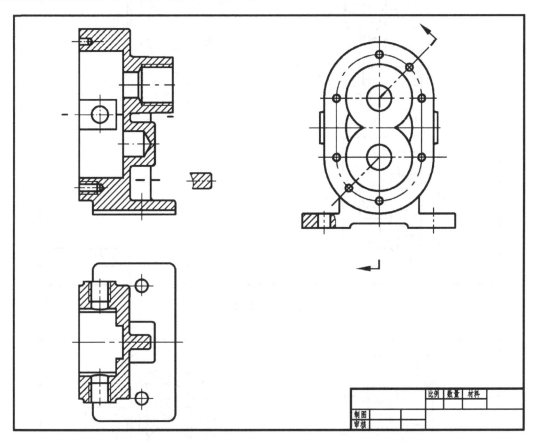

图8.3　绘制视图

任务4　尺寸标注

设置符合当前绘图所需要的尺寸标注样式,并按前面讲解的标注方法进行视图尺寸标注,如图8.4所示。

任务5　技术要求的标注步骤

① 标注尺寸公差,如图8.5所示。
② 设定表面粗糙度图块并标注,如图8.6所示。
③ 设置基准图块、几何公差并标注,如图8.7所示。
④ 设置文本注释命令,书写标题栏、技术要求中的文字,如图8.8所示。

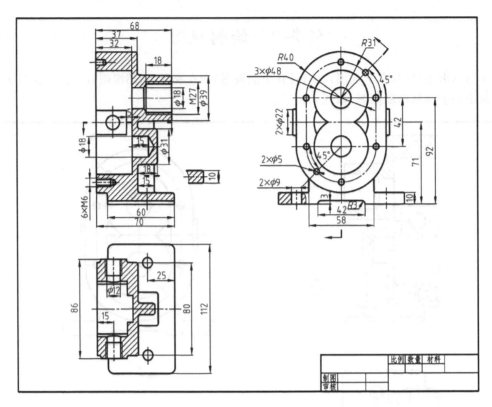

图8.4 泵体零件图尺寸标注

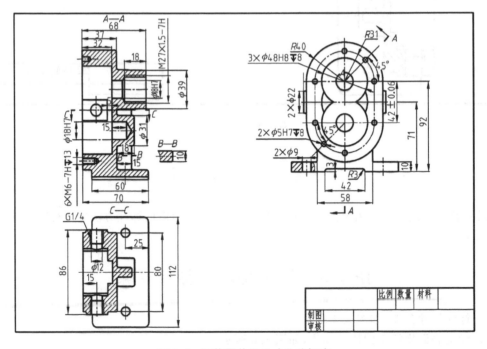

图8.5 泵体零件图尺寸公差标注

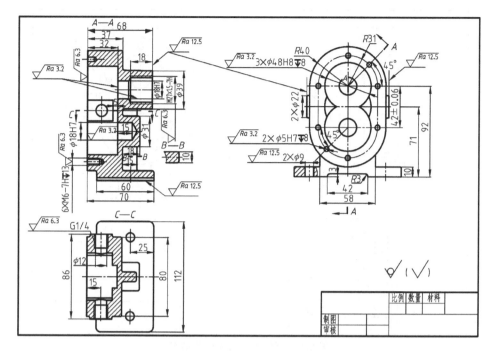

图 8.6　泵体零件图表面粗糙度标注

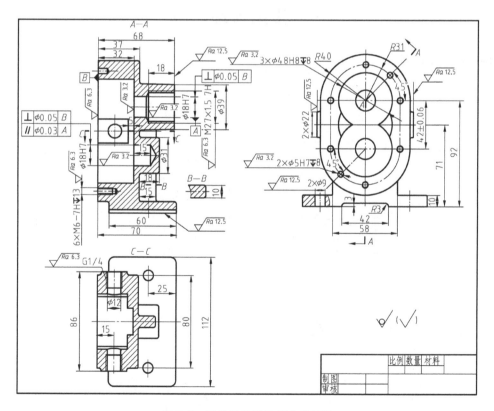

图 8.7　泵体零件图几何公差标注

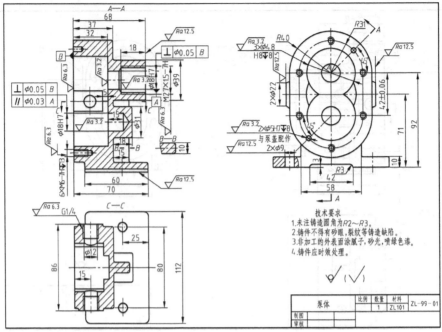

图 8.8 泵体零件图完成效果图

技能训练

画箱体类零件图。

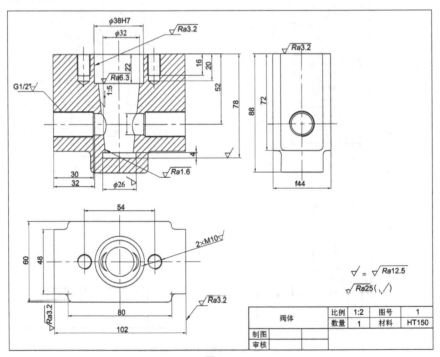

图 8.9

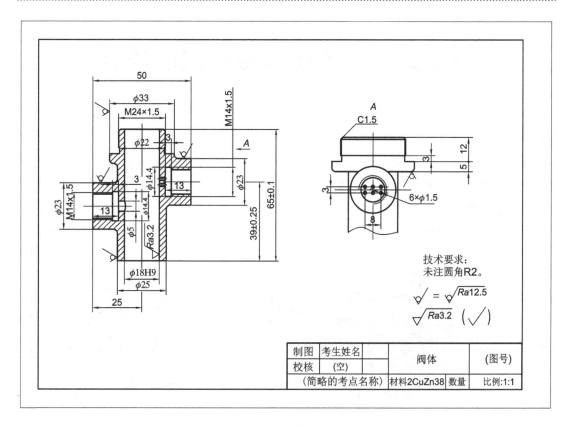

图 8.10

项目九　齿轮油泵装配图的绘制

【项目说明】

通过本项目学习齿轮油泵装配图CAD画法；掌握在已绘制好的零件图基础上，将零件图和标准件组合成装配图；学习装配图多重引线标注、尺寸标注的设定和标注方法，以及明细栏的填写方法。齿轮油泵装配图如图9.1所示。

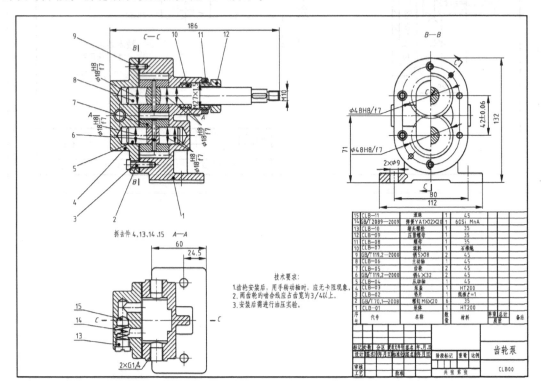

图9.1　齿轮油泵装配图

【知识目标】

◆ 设置齿轮油泵装配图的绘图环境。
◆ 填写明细栏和标题栏。
◆ 对装配图进行零件编号。

【能力目标】

◆ 能完成各种装配图的尺寸标注。
◆ 利用所学命令绘制齿轮油泵的装配图。

- 利用偏移、修剪、图案填充、镜像、复制、旋转、移动等命令对装配图进行修改编辑。
- 填写装配图明细栏、标题栏和技术要求。

任务1 设置装配图的绘图环境

（1）新建图形文件

单击已打开的界面左上方的按钮，选择"新建"，选择 acadiso。

（2）设置绘图单位

选择"显示"菜单栏，单击菜单栏中"格式"→"单位"→"图形单位"，设定长度和角度类型各自的精度为 0.00。

（3）设置绘图界限

用 Limit 命令设置图形界限，标明用户的工作区域和图纸的边界，以防止绘制的图形超出该边界。根据该装配图样的图幅大小，设定长度为 594×420。

任务2 图框和标题栏的绘制

用"矩形"命令绘制图纸边界线，用"偏移"命令绘制图框，用"表格"命令绘制标题栏，按装配图标题栏需求设定线型并填写文字。完成效果如图 9.2 所示。可将其保存为样板图文件。

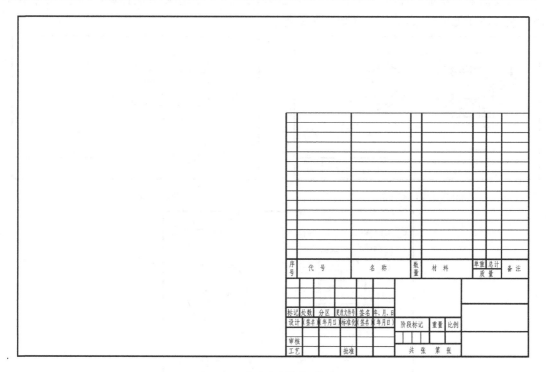

图 9.2 装配图样板文件建立

任务3　绘制装配图方法

方法一：根据装配图中各部件的零件图和装配关系直接绘制，这种方法在这里不详述。

方法二：先绘制齿轮油泵装配图中的各个零件图，然后再利用 AutoCAD 中的"创建块""写块"（将块保存在文件夹中）与"插入块"等命令，将所绘制的零件图拼装成装配图。这种方法的思路如下：

① 将绘制好的零件图标注图层关闭或者暂时不标注，各零件的绘图比例应一致，将每个零件用 WBLOCK 命令定义为.DWG 文件。定义块时需选择零件间有装配关系的特殊点作为插入点。

② 先调入较大的泵体类零件，然后逐个插入相关零件。插入后如果需要修剪不可见的线段，应当分解插入块。插入块时应当注意确定它的轴向和径向定位。

③ 根据零件之间的装配关系，检查各零件的尺寸是否有干涉现象。

④ 标注装配尺寸，注写技术要求，添加零件序号，填写明细表、标题栏。

齿轮油泵的装配图较为复杂，因此分为绘制装配图主视图、绘制装配图左视图和完善装配图三个步骤。在绘制装配图之前先绘制油泵装配所需所有零件，并创建块，以零件名拼音首字母命名（如：泵体——bt）。

齿轮油泵主动轴零件图绘制方法详见项目六，泵盖零件图绘制方法详见项目七，泵体零件图绘制方法详见项目八，其他零件如图9.3所示。

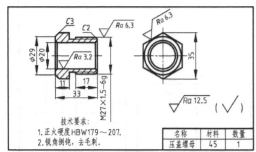

(a) 压盖螺母零件图　　　　　　　　(b) 从动轴零件图

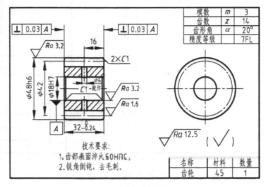

(c) 齿轮零件图

图9.3　齿轮油泵其他零件图

任务 4　绘制主视图

① 创建块"bt"(泵体)并插入,如图 9.4 所示。

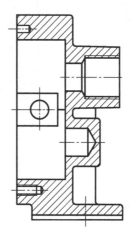

图 9.4　创建块"bt"(泵体)

② 创建块"cl"(齿轮),以右端面中点为基点,如图 9.5 所示。依次插入块"cl"至泵体主视图中,插入点分别为 A、B 两点,如图 9.6 所示。

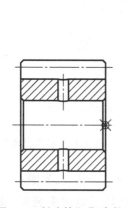
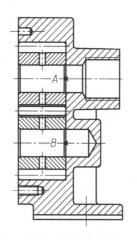

图 9.5　创建块"cl"(齿轮)　　图 9.6　齿轮插至泵体

③ 创建块"zdz"(主动轴),以局部剖处水平与垂直轴线交点为基点,如图 9.7 所示。插入块"zdz"至泵体主视图中,插入点为 C 点,如图 9.8 所示。分解图块,修改主视图,将插入零件后被遮住的部分修剪掉,并删除多余的线条,如图 9.9 所示。

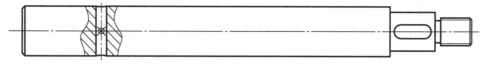

图 9.7　创建块"zdz"(主动轴)

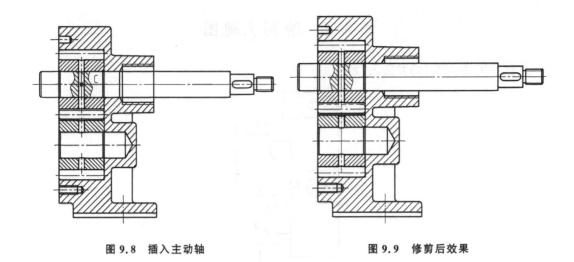

图 9.8　插入主动轴　　　　　　　　图 9.9　修剪后效果

④ 创建块"cdz"(从动轴),以水平与垂直轴线交点为基点,如图 9.10 所示,插入泵体并修剪,如图 9.11 所示。

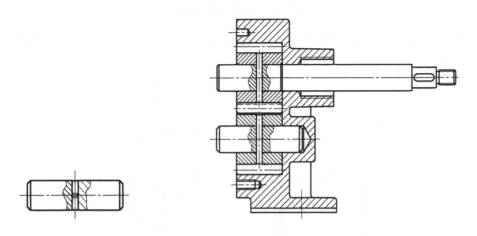

图 9.10　创建块"cdz"(从动轴)　　　　　图 9.11　插入从动轴

⑤ 绘制并创建块"x"(销),以水平与垂直轴线交点为基点,如图 9.12 所示。插入块"x"至泵体主视图中,插入点与从动轴插入点相同,分解图块并修剪主视图,插入块"x"至主动轴与齿轮相应位置,并修剪主视图,如图 9.13 所示。

⑥ 绘制并创建块"tl"(填料),如图 9.14 所示。插入块"tl"至泵体主视图中,分解图块并修剪主视图,如图 9.15 所示。

⑦ 绘制并创建块"lm"(螺母),如图 9.16 所示,插入块"lm"至泵体主视图中,并修剪主视图,如图 9.17 所示。

⑧ 创建块"yjlm"(压紧螺母),如图 9.18 所示,插入块"yjlm"至泵体主视图中并修剪,如图 9.19 所示。

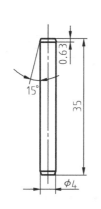

图 9.12 绘制 "x"(销)

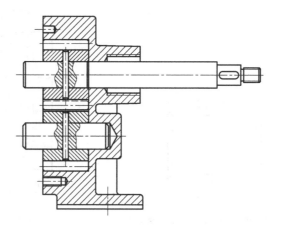

图 9.13 插入销并修剪

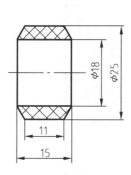

图 9.14 绘制"tl"(填料)

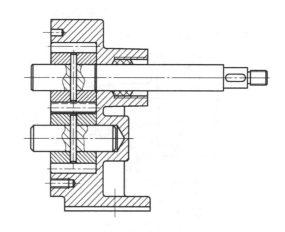

图 9.15 插入填料并修剪

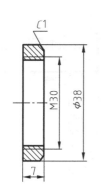

图 9.16 绘制"lm"(螺母)

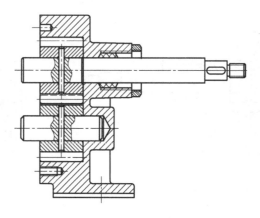

图 9.17 插入螺母并修剪

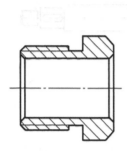 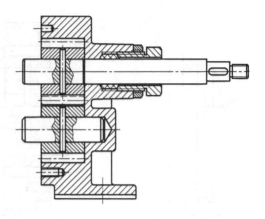

图 9.18　创建块"yjlm"(压紧螺母)　　　图 9.19　插入压紧螺母并修剪

⑨ 绘制垫片,垫片宽 1 mm,外圈直径为 7.6 mm,如图 9.20 所示。

⑩ 创建块"bg"(泵盖),如图 9.21 所示,插入块"bg"至泵体主视图中,如图 9.22 所示。分解图块并修剪主视图,如图 9.23 所示。

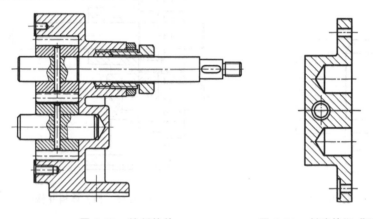

图 9.20　绘制垫片　　　　　　图 9.21　创建块"bg"(泵盖)

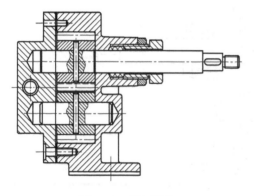 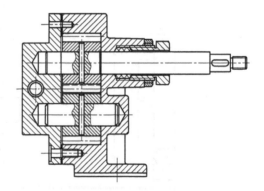

图 9.22　插入泵盖　　　　　　　　图 9.23　修剪主视图

⑪ 按图 9.24 所示绘制六角头螺栓,并创建块"ljtls",并按图 9.25 所示绘制销,创建块"yzx",将块"ljtls"和"yzx"插入至泵零件图的主视图中,如图 9.26 所示,完成主视图。

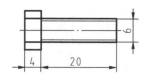

图 9.24 绘制六角头螺栓

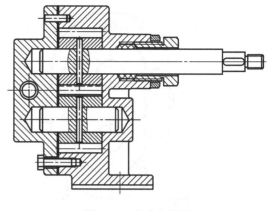

图 9.26 完成主视图

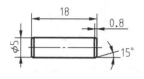

图 9.25 绘制销

任务5　绘制左视图

① 将泵盖左视图(见图 9.27)修剪掉左侧,创建块"bgz"(泵盖左视图),以最上方螺孔的圆心为基点,如图 9.28 所示。

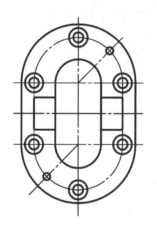

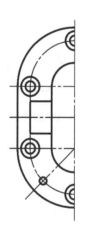

图 9.27　泵盖左视图　　　　图 9.28　创建块"bgz"(泵盖左视图)

② 调入泵体的左视图,如图 9.29 所示。插入块"bgz"至泵体左视图中,插入点为相应螺孔的圆心,分解图块并修剪左视图,如图 9.30 所示。

③ 绘制并创建块"lstz"(螺栓头左视图),以中心为基点,如图 9.31 所示,插入块"lstz"至泵体零件图的左视图中,插入点为最上方螺孔的圆心,依次插入螺栓头左视图至其他螺孔位置处,如图 9.32 所示。

④ 改画螺纹装配图的粗细实线,并填充剖面,完成左视图的绘制,如图 9.33 所示。

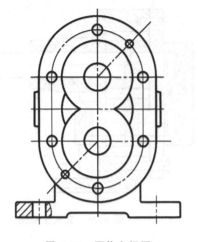

图 9.29　泵体左视图

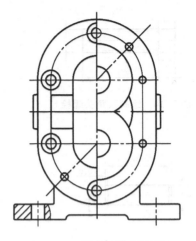

图 9.30　插入泵盖左视图

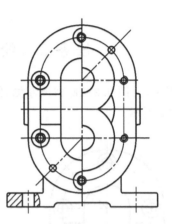

图 9.31　螺栓头左视图　　图 9.32　插入螺栓头的左视图

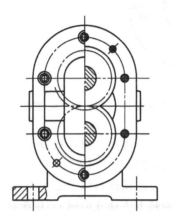

图 9.33　修剪左视图并绘制剖面线

任务6　绘制俯视图

① 调入泵体的俯视图,如图9.34所示。绘制垫片,如图9.35所示。

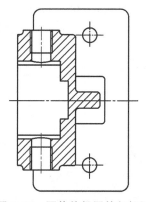
图9.34　泵体俯视图的剖视图

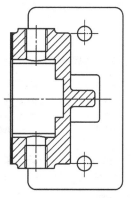
图9.35　绘制垫片

② 创建块"bgf"(泵盖俯视图),如图9.36所示,插入泵盖,如图9.37所示。

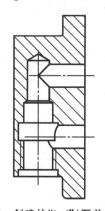
图9.36　创建块"bgf"(泵盖俯视图)

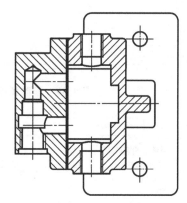
图9.37　插入泵盖

③ 绘制弹簧、钢球和螺塞,完成俯视图,如图9.38所示。

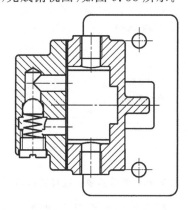
图9.38　俯视图完成效果

任务7　对装配图进行零件编号

对装配图进行零件编号的步骤如下：
① 打开"注释"→"多重引线样式"，单击"修改"，如图9.39和图9.40所示。

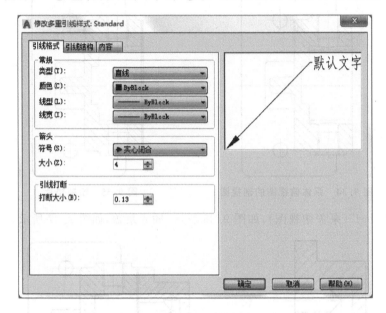

图9.39　修改多重引线样式（一）

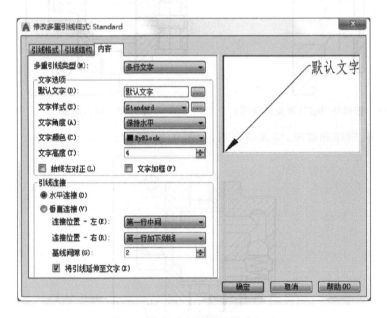

图9.40　修改多重引线样式（二）

② 编辑后单击"确定"关闭，并按序标注多重引线，如图9.41所示。

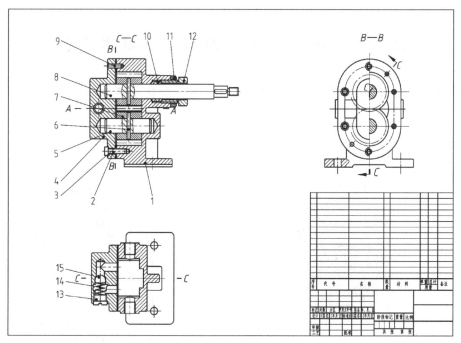

图 9.41 标注多重引线

任务 8 标注装配图的尺寸

对装配图的外形尺寸(总长、总宽、总高)进行标注,并标注配合尺寸,如图 9.42 所示。

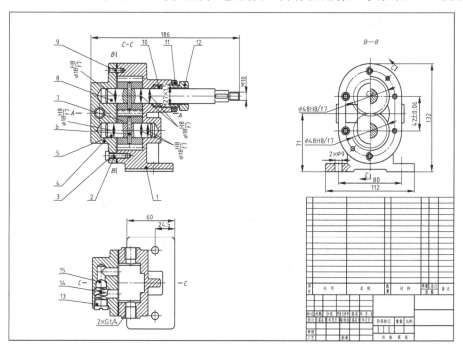

图 9.42 标注装配图尺寸

任务9 填写明细栏、标题栏和技术要求

按国标要求设定文字样式,填写明细栏、标题栏和技术要求,完成效果如图9.43所示。

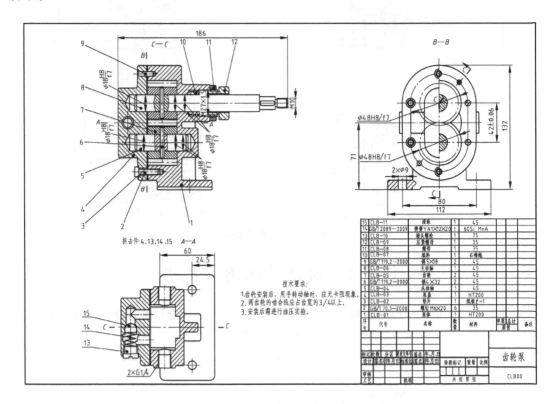

图9.43 齿轮油泵装配图

技能训练

根据旋阀的零件图和装配示意图拼画其装配图。具体要求如下:

① 根据旋阀装配示意图和零件图拼画旋阀装配图的主视图(采用恰当的表达方式,按1:1比例,清晰地表达旋阀的工作原理、装配关系,并标注必要尺寸)。

② 图中的明细栏内容可参考旋阀零件明细表,按要求画出。

旋阀零件明细表

序号	名称	件数	材料	备注
1	阀体	1	HT150	参考图8-9
2	阀杆	1	45	参考图6-32
3	垫圈	1	35	参考图4-55
4	填料	1	石棉绳	
5	填料压盖	1	35	参考图4-56
6	螺栓M10×25	2	35	参考图4-54
7	手柄	1	HT150	参考图4-57

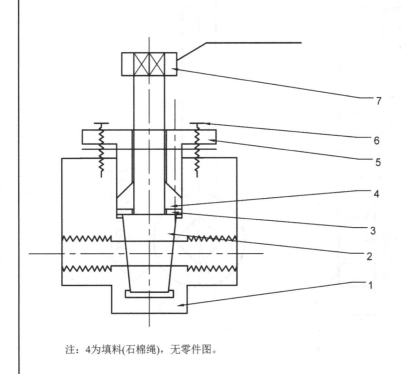

注：4为填料(石棉绳)，无零件图。

图 9.44

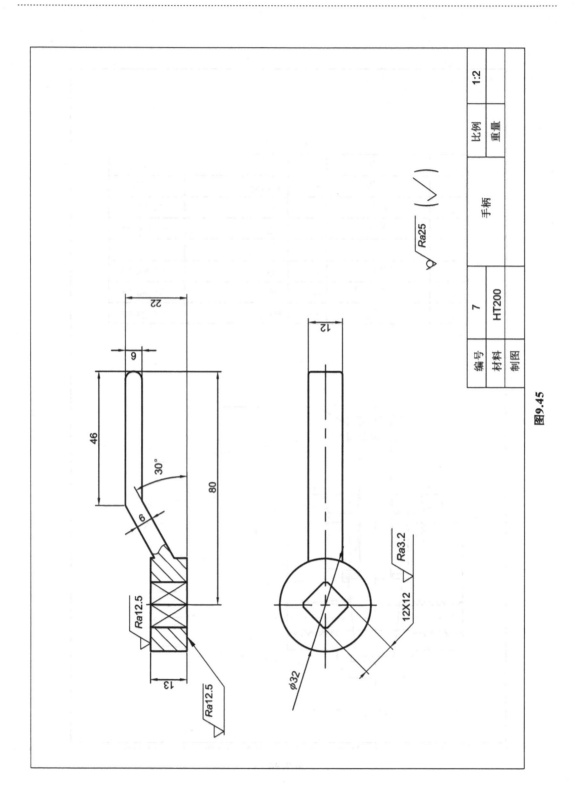

图9.45

根据手动气阀的零件图和装配示意图拼画其装配图。

(1) 手动气阀的工作原理及示意图

图 9.46 为该部件的示意图。手柄球、连接杆和气阀杆通过螺纹连接。握住手柄球将气阀杆拉到最高位置时,来自气源的高压气体与工作气缸接通,工作气缸内处于高压状态;当气阀杆被推至最低位置时,气源与工作气缸的通道被关闭,工作气缸内的气体经过气阀的径向和中心的孔道与大气相能,处于常压状态。

气阀杆与阀体是间隙配合,用 4 个 O 型密封圈加强密封。螺母是用于固定该部件的。

(2) 具体要求

① 选用 A4 的图幅。A4 图幅、标题栏和明细表的格式和尺寸如图 9.46 所示;

② 按照 1:1 的比例,完整清晰地表达该部件的工作原理和装配关系,标注必要的尺寸。

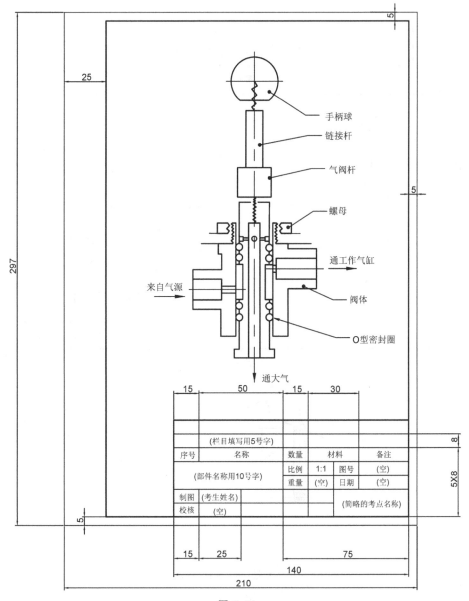

图 9.46

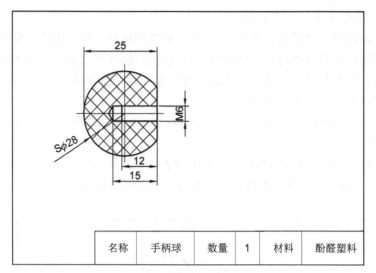

图 9.47

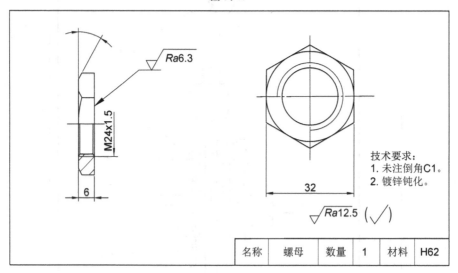

图 9.48

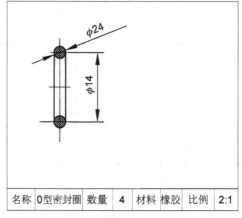

图 9.49

附 录

附录1 AutoCAD 2012命令与命令别名

表中按照字母顺序列出了AutoCAD 2012的所有命令、命令别名及命令注释供读者参考。

命 令	命令别名	命令注释
3D		创建三维多边形网格对象
3DARRAY	3a	创建三维阵列
3DCLIP		启用交互式三维视图并打开"调整剪裁平面"窗口
3DORBIT		启用交互式三维视图并允许用户设置对象在三维视图中连续运动
3DDISTANCE		启用交互式三维视图并使对象显示得更近或更远
3DFACE	3f	创建三维面
3DMESH		绘制自由格式的多边形网格
3DORBIT	3do	控制在三维空间中交互式查看对象
3DPAN		启用交互式三维视图并允许用户水平和垂直拖动视图
3DPLOY		在三维空间创建多段线
3DSIN		输入"3D Studio"(3DS)格式文件
3DSOUT		输出"3D Studio"(3DS)格式文件
3DSWIVEL		启动交互式三维视图模拟旋转相机的效果
3DZOOM		启动交互式三维视图使用户可以缩放视图
ABOUT		显示关于AutoCAD的信息
ACISIN		输入ACIS文件
ACISOUT		将AutoCAD实体对象输出到ACIS文件中
ADCCLOSE		关闭AutoCAD设计中心
ADCEnter		启用AutoCAD设计中心
ADCEnter	Adc	管理和插入块、外部参照和填充图案等内容
ADCNAVIGATE		控制AutoCAD设计中心文件名、文件夹和网络路径
ALIGN	al	对齐二维或三维对象
AMECONVERT		将AME实体模型转换为AutoCAD实体对象
APERTURE		控制对象捕捉靶框大小
APPLOAD	ap	加载或卸载应用程序并定义启动时要加载的应用程序
ARC	a	创建圆弧
AREA	aa	计算对象或指定区域的面积和周长
ARRAY	ar	创建按指定方式排列的多个对象副本

续表

命 令	命令别名	命令注释
.ARRAY	.ar	命令行提示使用创建按指定方式排列的多个对象副本
ARX		加载、卸载和提供 Object ARX 应用程序的信息
ASSIST		打开"实时助手"窗口,自动或根据需要提供上下文相关信息
ATTDEF	Att	创建属性定义
.ATTDEF	.att	命令行提示使用创建属性定义
ATTDISP		全局控制属性的可见性
ATTEDIT	ate	改变属性信息
.ATTEDIT	.ate	命令行提示使用改变属性信息
ATTEXT	ddattext	提取属性数据
ATTREDEF		重定义块并更新关联属性
ATTSYNC		通过使用定义给块的当前属性,更新指定块的所有实例
AUDIT		检查图形的完整性
BACKGROUND		设置场景的背景
BASE		设置当前图形的插入基点
BATTMAN		编辑块定义的属性特性
BHATCH	h、bh	使用图案填充封闭区域或选定对象
BLTPMODE		控制点标记的显示
BLOCK	b	根据选定对象创建块定义
.BLOCK	.b	命令行提示使用根据选定对象创建块定义
BLOCKICON		生成在 AutoCAD 设计中心中显示的块的预览图像
BMPOUT		按与设备无关的位图格式将选定对象保存到文件中
BOUNDARY	bo	从封闭区域创建面域或多段线
.BOUNDARY	.bo	命令行提示使用从封闭区域创建面域或多段线
BOX		创建三维实体长方体
BREAK	br	在两点之间打断选定对象
BROWSER		启动在系统注册表中定义的默认 Web 浏览器
CAL		计算算术和几何表达式
CAMERA		设置相机和目标的不同位置
CHAMFER	cha	为对象的边加倒角
CHANGE	.ch	修改现有对象的特性
CHECKSTANGDARDS		检查当前图形的标准冲突情况
CHPROP		修改对象的颜色、图层、线型、线型比例因子、线宽、厚度和打印样式
CIRCLE	c	创建圆
CLOSE		关闭当前图形
CLOSEALL		关闭当前所有打开的图形
COLOR	col	设置新对象的颜色

续表

命　令	命令别名	命令注释
COMPILE		编译形文件和 PostScript 字体文件
CONE		创建三维实体圆锥
CONVERT		优化用 AutoCAD R13 或早期版本创建的二维多段线和关联填充
CONVERTCTB		将颜色相关的打印样式表（CTB）转换为命名打印样式表（STB）
CONVERTPSTYLES		将当前图形转换为命名或颜色相关打印样式
COPY	co、cp	复制对象
COPYBASE		使用指定基点复制对象
COPYCLIP		将对象复制到剪贴板
COPYHIST		将命令行历史记录文字复制到剪贴板
COPYLINK		将当前视图复制到剪贴板中以便链接到其他 OLE 应用程序
CUSTOMIZE		自定义工具栏、按钮和快捷键
CUTCLIP		将对象复制到剪贴板并从图形中删除对象
CYLINDER		创建三维实体圆柱
DBCCLOSE		关闭数据库连接管理器
DBLCLKEDIT		控制双击操作
DBCONNECT		提供到外部数据库表的 AutoCAD 接口
DBLIST		在图形数据库列表中列出每个对象的数据库信息
DDEDIT	ed	编辑文字、标注文字、属性定义和特征控制框
DDPTYPE		指定点对象的显示样式及大小
DDVPOINT	vp	设置三维观察方向
DELAY		在脚本文件中提供指定时间的暂停
DIM/DIM1		访问标注模式
DIMALIGNED	dal	创建对齐线性标注
DIMANGULAR	dan	创建角度标注
DIMBASELINE	dba	从上一个标注或选定标注的基线处创建线性标注、角度标注或坐标标注
DIMCENTER	dce	创建圆和圆弧的圆心标记或中心线
DIMCONTINUE	dco	从上一个标注或选定标注的第二条尺寸界线处创建线性标注、角度标注或坐标标注
DIMDIAMETER	ddi	创建圆和圆弧的直径标注
DIMDISASSOCIATE		删除选择标注的关联性
DIMEDIT	ded	编辑标注
DIMLINEAR	dli	创建线性标注
DIMORDINATE	dor	创建坐标点标注
DIMOVERRIDE	dov	替代尺寸标注系统变量
DIMRADIUS	dra	创建圆和圆弧的半径标注
DIMSTYLE	d、ddim	创建和修改尺寸标注样式

续表

命 令	命令别名	命令注释
DIMREASSOCIATE	dre	将选定标注与几何对象相关联
DIMREGEN		更新所有关联标注的位置
DIMTEDIT	dimted	移动和旋转标注文字
DIST	di	测量两点之间的距离和角度
DIVIDE	div	将点对象或块沿对象的长度或周长间隔排列
DONUT	do	绘制填充的圆和环
DRAGMODE		控制 AutoCAD 显示被拖动对象的方式
DRAWORDER	dr	修改图像和其他对象的显示次序
DSETTINGS	ds	指定捕捉模式、栅格、极轴捕捉追踪和对象捕捉追踪的设置
DSVIEWER	av	打开"鸟瞰视图"窗口
DVIEW	dv	定义平行投影或透视视图
DWGPROSPS		设置和显示当前图形的特性
DXBIN		输入特殊编码的二进制文件
EATTEDIT		在块参照中编辑属性
EATTEXT		将块属性信息输出至外部文件
EDGE		修改三维面的边的可见性
EDGESURF		创建三维多边形网格
ELEV		设置新对象的标高和拉伸厚度
ELLIPSE	el	创建椭圆或椭圆弧
ERASE	e	从图形中删除对象
ETRANSMIT		创建一个图形及其相关文件的传递集
EXPLODE	x	将合成对象分解成它的部件对象
EXPORT	exp	以其他文件格式保存对象
EXTEND	ex	延伸对象以和另一对象相接
EXTRUDE	ext	通过拉伸现有二维对象来创建唯一实体原型
FILL		控制诸如图案填充、二维实体和宽多段线等对象的填充
FILLET	f	给对象加圆角
FILTER	fi	为对象选择创建可重复使用的过滤器
FIND		查找、替换、选择或缩放指定的文字
FOG		提供对象外观距离的视觉提示
GOTOURL		打开与附着在对象上的超级链接相关联的文件或 Web 页
GRAPHSCR		从文本窗口切换到绘图区域
GRID		在当前视口中显示点栅格
GROUP	g	创建和处理已保存的对象集(称为编组)
.GROUP	.g	命令行提示使用创建和处理已保存的对象集(称为编组)
HATCH	.h	用无关联填充图案填充区域

续表

命 令	命令别名	命令注释
HATCHEDIT	he	修改现有的图案填充对象
HELP		显示帮助
HIDE	hi	重生成三维模型时不显示隐藏线
HLSETTINGS		改变隐藏线的显示特性
HYPERLINK		附着超级链接到对象或修改现有超级链接
HYPERLINKOPTIONS		控制超级链接光标和工具栏提示的显示
ID		显示位置的坐标
IMAGE	im	管理图像
.IMAGE	.im	命令行提示使用管理图像
IMAGEADJUST	iad	控制选定图像显示的亮度、对比度和褪色度
.IMAGEADJUST	.iad	命令行提示使用控制选定图像显示的亮度、对比度和褪色度
IMAGEATTACH	iat	将新的图像附着到当前图形
IMAGECLIP	icl	为图像对象创建新的剪裁边界
IMAGEFRAME		控制图像边框在视图中显示还是隐藏
IMAGEQUALITY		控制图像的显示质量
IMPORT	imp	将各种格式的文件输入到 AutoCAD 中
INSERT	i	将在 Design XML 文件中指定的图形、命名块或对象放置到当前图形
.INSERT	.i	命令行提示使用将在 Design XML 文件中指定的图形、命名块或对象放置到当前图形
INSERTOBJ	io	插入链接对象或内嵌对象
INTERFERE	inf	从两个或多个实体或面域的交集创建组合实体或面域并删除交集以外的部分
INTERSECT	in	从两个或多个实体或面域的交集创建组合实体或面域并删除交集以外的部分
ISOPLANE		指定当前等轴测平面
JPGOUT		保存选定的对象到一个 JPEG 格式的文件
JUSTIFYTEXT		修改选定文字对象的对正点而不改变其位置
LAYER	la	管理图层和图层特性
.LAYER	.la	命令行提示使用管理和图层特性
LAYERP		放弃对图层设置所做的上一个或一组更改
LAYERPMLDE		打开或关闭对图层设置所做的修改追踪
LAYOUT		创建并修改图形布局选项卡
.LAYOUT	lo	命令行提示使用创建并修改图形布局选项卡
LAYOUTWIZARD		创建新的布局选项卡并指定页面和打印设置
LAYTRANS		按照指定的图层标准更改图形的图层
LEADER	lead	创建多行注释与几何特征的引线

续表

命 令	命令别名	命令注释
LENGTHEN	len	修改对象的长度和圆弧的包含角
LIGHT		处理光源和光照效果
LIMITS		在当前的"模型"或布局选项卡上,设置并控制图形边界和栅格显示的界限
LINE	l	创建直线段
LINETYPE	lt	加载、设置和修改线型
.LINETYPE	.lt	命令行提示使用加载、设置和修改线型
LIST	Li	显示选定对象的数据库信息
LOAD		为 SHAPE 命令加载可调用的图形文件
LOGFILEOFF		关闭 LOGFILEON 命令打开的日志文件
LOGFILEON		将文本窗口中的内容写入文件
LSEDIT		编辑配景对象
LSLIB		维护配景对象库
LTSCALE		向图形中添加具有真实感的配景项目,例如树和灌木丛
LTSCALE	lts	设置全局线型比例因子
LWEIGHT	lw	设置当前线宽、线宽显示选项和线宽单位
.LWEIGHT		命令行提示使用设置当前线宽、线宽显示选项和线宽单位
MASSPROP		计算面域或实体的质量特性
MATCHPROP	ma	将选定对象的特性应用到其他对象
MATLIB		从材质库输入输出材质
MEASURE	me	将点对象或块在对象上指定间隔处放置
MENU		加载菜单文件
MENULOAD		加载局部菜单文件
.MENULOAD		命令行提示使用加载局部菜单文件
MENUUNLOAD		卸载局部菜单文件
MINSERT		在矩形阵列中插入一个块的多重引用
MIRROR	mi	创建对象的镜像图像副本
MIRROR3D		创建相对于某一平面的镜像对象
MLEDIT		编辑多条平行线
MLINE	ml	创建多条平行线
MLSTYLE		定义多条平行线的样式
MODEL		从布局选项卡切换到"模型"选项卡
MOVE	m	在指定方向上按指定距离移动对象
MREDO		恢复前面几个用 UNDO 或 U 命令放弃的效果
MSLIDE		创建当前模型视口或当前布局的幻灯文件
MSPACE	ms	从图纸空间切换到模型空间视口
MTEXT	t、mt	创建多行文字

续表

命 令	命令别名	命令注释
.METXT	.t	命令行提示使用创建多行文字
MULTIPLE		重复下一条命令直到被取消
MVIEW	mv	创建并控制布局视口
MVSETUP		设置图形规格
NEW		创建新的图形文件
.NEW		命令行提示使用创建新的图形文件
OFFSET	o	创建同心圆、平行线和平行曲线
OLELINKS		更新、改变和取消现有的 OLE 链接
OLESCALE		控制选定的 OLE 对象的大小、比例和其他特性
OOPS		恢复删除的对象
OPEN		打开现有的图形文件
.OPEN		命令行提示使用打开现有的图形文件
OPTIONS	gr、op、pr	自定义 AutoCAD 设置
ORTHO		限制光标的移动
OSNAP	os	设置执行对象捕捉模式
.OSNAP	.os	命令行提示使用设置执行对象捕捉模式
PAGESETUP		为每个新布局指定打印设备、图纸尺寸和设置
PAN	p	在当前视口中移动视图
.PAN	.p	命令行提示使用在当前视口中移动视图
PARTIALOAD		在局部打开的图形中加载附加几何图形
PARTIALOPEN		将选定视图或图层的几何图形加载到图形中
PASTEBLOCK		将复制对象粘贴为块
PASTECLIP		插入剪贴板数据
PASTEORIG		使用原图形的坐标将复制的对象粘贴到新图形中
PASTESPEC	pa	插入剪贴板数据并控制数据格式
PCINWIZARD		显示向导,将 PCP 和 PC2 配置文件中的打印设置输入到模型选项卡或当前布局中
PEDIT	pe	编辑多段线和三维多边形网格
PFACE		逐点创建三维多面网格
PLAN		显示指定用户坐标系的平面视图
PLINE	pl	创建二维多段线
PLOT	print	将图形打印到绘图仪、打印机或文件
.PLOT		命令行提示使用将图形打印到绘图仪、打印机或文件
PLOTSTAMP		在每一个图形的指定角放置打印戳记并将其记录到文件中
.PLOTSTAMP		命令行提示使用在每一个图形的指定角放置打印戳记并将其记录到文件中
PLOTSTYLE		设置新对象的当前打印样式或指定选定对象的打印样式

续表

命 令	命令别名	命令注释
.PLOTSTYLE		命令行提示使用设置新对象的当前打印样式或指定选定对象的打印样式
PLOTTERMANAGER		显示"打印机管理器",从中可以添加或编辑打印机配置
PNGOUT		保存选定的对象到 PNG(便携式网络图形)格式的文件
POINT	po	创建点对象
POLYGON	pol	创建闭合的等边多段线
PREVIEW	pre	显示打印图形的效果如何
PROPERTIES	mo、props	控制现有对象的特性
PROPERTIESCLOSE	prclose	关闭"特性"选项板
PSETUPIN		将用户定义的页面设置输入到新的图形布局中
.PSETUPIN		命令行提示使用将用户定义的页面设置输入到新的图形布局中
PSFILL		将 PostScript 填充到二维多段线
PSOUT		创建封装的 PostScript 文件
PSPACE	ps	从模型空间视口切换到图纸空间
PUBLISH		创建多页图形集以发布到一个单独的多页 DWF 文件、一个打印设备或是一个打印文件
.PUBLISH		命令行提示使用创建多页图形集以发布到一个单独的多页 DWF 文件、一个打印设备或是一个打印文件
PUBLISHTOWEB	ptw	创建包括选定图形的图像的 HTML 页面
PURGE	pu	删除图形中未使用的命名项目,例如块定义和图层
.PURGE	.pu	命令提示使用删除图形中未使用的命名项目,例如块定义和图层
QDIM		快速创建标注
QLEADER	le	创建引线和引线注释
QNEW		使用默认图形样板文件的选项开始一张新图
QSAVE		用"选项"对话框中指定的文件格式保存当前图形
QSELECT		基于过滤条件创建选择集
QTEXT		控制文字和属性对象的显示和打印
QUIT	exit	退出 AutoCAD
RAY		创建单向无限长的线
RECOVER		修复损坏的图形
RECTANG	rec	绘制矩形多段线
REDEFINE		恢复被 UNDEFINE 忽略的 AutoCAD 内部命令
REDO		恢复上一个用 UNDO 或 U 命令放弃的效果
REDRAW	r	刷新当前视口中的显示
REDRAWALL	ra	刷新所有视口中的显示
REFCLOSE		存回或放弃在位编辑参照(外部参照或块)时所做的修改
REFEDIT		选择要编辑的参照

续表

命 令	命令别名	命令注释
.REFEDIT		命令行提示使用选择要编辑的参照
REFSET		在位编辑参照（外部参照或块）时在工作集添加或删除对象
REGEN	re	从当前视口重生成整个图形
REGENALL	rea	重生成图形并刷新所有视口
REGENAUTO		控制图形的自动重生成
REGION	reg	将包含封闭区域的对象转换为面域对象
REINIT		重初始化数字化仪、数字化仪的输入/输出端口和程序参数文件
RENAME	ren	修改对象名
.RENAME	.ren	按类别列出图形中的命名对象
RENDER	rr	创建三维线框或实体模型的相片级真实感渲染图或实体模型渲染图
RENDSCR		重新显示使用 RENDER 命令创建的最近一个渲染
REPLAY		显示 BMP、TGA 或 TIFF 图像
RESUME		继续执行被中断的脚本文件
REVCLOUD		创建由连续圆弧组成的多段线以构成云线型
REVOLVE	rev	通过绕轴旋转二维对象来创建实体
REVSURF		创建围绕选定轴旋转而成的旋转曲面
REVSURF		绕选定轴创建旋转曲面
RMAT		管理渲染材质
RMLIN		将来自 RML 文件的标记插入图形
.RMLIN		命令行提示使用将来自 RML 文件的标记插入图形
RPREF	rpr	设置渲染系统配置
ROTATE	ro	绕基点移动对象
ROTATE3D		绕三维轴移动对象
RSCRIPT		重复执行脚本文件
RULESURF		在两条曲线间创建直纹曲面
SAVE		用当前或指定文件名保存图形
SAVEAS		以新文件名保存当前图形的副本
.SAVEAS		命令行提示使用以新文件名保存当前图形的副本
SAVEIMG		用文件保存渲染图像
SCALE	sc	在 X、Y 和 Z 方向按比例放大或缩小对象
SCALETEXT		放大或缩小文字对象，而不改变它们的位置
SCENE		管理模型空间的场景
SCRIPT	scr	从脚本文件执行一系列命令
SECTION	sec	用剖切平面和实体截交创建面域
SECURITYOPTIONS		使用"安全选项"对话框来控制安全设置
SELECT		将选定对象置于"上一个"选择集内

续表

命 令	命令别名	命令注释
SETIDROPHANDLER		为当前 Autodesk 应用的 i.drop 内容指定默认的类型
SETUV		将材质贴图到对象上
SETVAR		列出系统变量或修改变量值
SHADEMODE		控制在当前视口中实体对象着色的显示
SHAPE		插入形
SHELL		访问操作系统命令
SHOWMAT		列出选定对象的材质类型和附着方法
SIGVALIDATE		显示附加在一个文件上的数字签名的有关信息
SKETCH		创建一系列徒手画线段
SLICE	sl	用平面剖切一组实体
SNAP	sn	规定光标按指定的间距移动
SOLDRAW		在用 SOLVIEW 命令创建的视口中生成轮廓图和剖视图
SOLID	so	创建实体填充的三角形和四边形
SOLIDEDIT		编辑三维实体对象的面和边
SOLPROF		创建三维实体的轮廓图像
SOLVIEW		在布局中使用正投影法创建浮动视口来生成三维实体及体对象的多面视图与剖视图
SPACETRANS		在模型空间和图纸空间之间转换长度值
SPELL	sp	检查图形中的拼写
SPHERE		创建三维实体球体
SPLINE	spl	创建非一致有理 B 样条曲线(NURBS)
SPLINEDIT	spe	编辑样条曲线或样条曲线拟合多段线
STANDARDS		管理标准文件与 AutoCAD 图形之间的关联性
STATS		显示渲染统计信息
STATUS		显示图形统计信息、模式及范围
STLOUT		将实体保存到 ASCII 或二进制文件中
STRETCH	s	移动或拉伸对象
STYLE	st	创建、修改或设置命名文字样式
.STYLE	.st	命令行提示使用创建、修改或设置命名文字样式
STYLESMANAGER		显示"打印样式管理器"
SUBTRACT	su	通过减操作合并选定的面域或实体
SYSWINDOWS		在 AutoCAD 中排列窗口和图标
TABLET	ta	校准、配置、打开和关闭已连接的数字化仪
TABSURF		沿路径曲线和方向矢量创建平移曲面
TEXT		创建单行文字对象
TEXTSCR		打开 AutoCAD 文本窗口

续表

命 令	命令别名	命令注释
TIFOUT		保存选定的对象到一个 TIFF 格式的文件
TIME		显示图形的日期和时间统计信息
TOLERANCE		创建形位公差
TOOLBAR		显示、隐藏和自定义工具栏
TOOLPALETTES		打开"工具选项板"窗口
TOOLPALETTESCLOSE		关闭"工具选项板"窗口
TORUS		创建圆环形实体
TRACE		创建实线
TRANSPARENCY		控制图像的背景像素是否透明
TRAYSETTINGS		控制在状态栏系统托盘内显示图标和通告
TREESTAT		显示关于图形当前空间索引的信息
TILEMODE	ti、tm	将模型选项卡或最后一个布局选项卡置为当前
TRIM	tr	按其他对象定义的剪切边修剪对象
U		撤销最近一次操作
UCS		管理用户坐标系
UCSICON		控制 UCS 图标的可见性和位置
UCSMAN		管理已定义的用户坐标系
UNDO		撤销命令的效果
UNION	uni	通过附加将选定的面域或实体结合起来
UNDEFINE		允许应用程序定义的命令替代 AutoCAD 内部命令
UNDO		撤销命令的效果
UNION		通过添加操作合并选定面域或实体
UNITS	un	控制坐标和角度的显示格式并确定精度
. UNITS	. un	命令行提示使用控制坐标和角度的显示格式并确定精度
VBAIDE		显示 Visual Basic 编辑器
VBALOAD		将全局 VBA 工程加载到当前 AutoCAD 任务中
VBAMAN		加载、卸载、保存、创建、嵌入和提取 VBA 工程
VBARUN		运行 VBA 宏
VBASTMT		在 AutoCAD 命令行执行 VBA 语句
VBAUNLOAD		卸载全局 VBA 工程
VIEW	v	保存和恢复命名视图
. VIEW	. v	透明使用保存和恢复命名视图
VIEWRES		设置当前视口中对象的分辨率
VILISP		显示 Visual LISP 交互式开发环境(IDE)
VPCLIP		剪裁视口对象
VPLAYER		设置视口中图层的可见性

续表

命　令	命令别名	命令注释
VPOINT	.vp	设置图形的三维直观观察方向
VPORTS		创建多个视口
VSLIDE		在当前视口中显示图像幻灯文件
WBLOCK	w	将对象或块写入新的图形文件或新的 Design XML 文件
.WBLOCK	.W	命令行提示使用将对象或块写入新的图形文件或新的 Design XML 文件
WEDGE	we	创建三维实体并使其倾斜面沿 X 轴方向
WHOHAS		显示打开的图形文件的所有权信息
WIPEOUT		用空白区域覆盖存在的对象
WMFIN		输入 Windows 图元文件
WMFOPTS		设置 WMFIN 选项
WMFOUT		将对象保存到 Windows 图元文件
XATTACH		将外部参照附着到当前图形
XBIND	xb	将外部参照依赖符号绑定到当前图形中
.XBIND	.xb	透明使用将外部参照依赖符号绑定到当前图形中
XCLIP	xc	定义外部参照或块剪裁边界,并且设置前剪裁面和后剪裁面
XLINE	xl	创建无限长的直线(参照线)
XOPEN		在新窗口中打开选定的外部参照
XPLODE		将合成对象分解成它的部件对象
XREF	xr	控制图形文件的外部参照
.XREF	.xr	命令行提示使用控制图形文件的外部参照
ZOOM	z	放大或缩小当前视口中对象的外观尺寸

附录2　系统变量

下面按照字母顺序列出了 AutoCAD 2012 的所有系统变量,供读者参考。

命　令	命令解释
ACADLSPASDOC	控制 AutoCAD 是将 acad.lsp 文件加载到所有图形中,还是仅加载到 AutoCAD 任务打开的第一个图形中
ACADPREFIX	存储由 ACAD 环境变量指定的目录路径(如果有的话),如果需要则附加路径分隔符
ACADVER	存储 AutoCAD 的版本号。这个变量与 DXF 文件标题变量 $ACADVER 不同,$ACADVER 包含图形数据库的级别号
ACISOUTVER	控制 ACISOUT 命令创建的 SAT 文件的 ACIS 版本
ADCSTATE	确定设计中心是否激活。开发人员需要通过 AutoLISP 来确定状态
AFLAGS	设置 ATTDEF 位码的属性标志
ANGBASE	相对于当前 UCS 将基准角设置为 0°

续表

命 令	命令解释
ANGDIR	设置正角度的方向。从相对于当前 UCS 方向的 0°测量角度值
APBOX	打开或关闭 Auto Snap 靶框。当捕捉对象时,靶框显示在十字光标的中心
APERTURE	以像素为单位设置靶框显示尺寸。靶框是绘图命令中使用的选择工具
AREA	AREA 既是命令又是系统变量。AREA 系统变量存储由 AREA 命令计算的最后一个面积值。因为在命令提示下输入 area 激活的是 AREA 命令,所以必须使用 SETVAR 命令才能访问 AREA 的系统变量
ATTDIA	控制 INSERT 命令是否使用对话框用于属性值的输入
ATTMODE	控制属性的显示
ATTREQ	确定 INSERT 命令在插入块时是否使用默认属性设置
AUDITCTL	控制 AUDIT 命令是否创建核查报告(ADT)文件
AUNITS	设置角度单位
AUPREC	设置所有只读角度单位(显示在状态行上)和可编辑角度位(其精度小于或等于当前 AUPREC 的值)的小数位数
AUTOSNAP	控制自动捕捉标记、工具栏提示和磁吸
BACKZ	以绘图单位存储当前视口后向剪裁平面到目标平面的偏值
BINDTYPE	控制绑定或在位编辑外部参照时外部参照名称的处理方式
BLIPMODE	控制点标记是否可见。BLIPMODE 既是命令又是系统变量。使用 SETVAR 命令访问此变量
CDATE	设置日历的日期和时间
CECOLOR	设置新对象的颜色
CELTSCALE	设置当前对象的线型比例因子
CELTYPE	设置新对象的线型
CELWEIGHT	设置新对象的线宽
CHAMFERA	设置第一个倒角距离
CHAMFERB	设置第二个倒角距离
CHAMFERC	设置倒角长度
CHAMFERD	设置倒角角度
CHAMMODE	设置 AutoCAD 创建倒角的输入方法
CIRCLERAD	设置默认的圆半径
CLAYER	设置当前图层
CMDACTIVE	存储位码值,此位码值指示激活的是普通命令、透明命令、脚本还是对话框
CMDECHO	控制 Auto LISP 的 command 函数运行期间,AutoCAD 是否回显提示和输入
CMDNAMES	显示当前活动命令和透明命令的名称
CMLJUST	指定多线对正方式
CMLSCALE	控制多线的全局宽度。以比例因子 2.0 绘制多线时,其宽度是样式定义的宽度的两倍,比例因子为 0 将把多线重叠到单一直线。比例因子为负将颠倒偏移直线的次序,即当多线从左向右绘制时,最小(绝对值最大)的负值被放置在顶部

续表

命　令	命令解释
CMLSTYLE	设置 AutoCAD 绘制多线的样式
COMPASS	控制当前视口中三维指南针的开关状态
COORDS	控制状态栏上的坐标更新时间
CPLOTSTYLE	控制新对象的当前打印样式
CPROFILE	显示当前配置的名称
CTAB	返回图形中当前选项卡（模型或布局）名称。通过本系统变量，用户可以确定当前的活动选项卡
CURSORSIZE	按屏幕大小的百分比确定十字光标的大小
CVPORT	设置当前视口的标识码
DATE	存储当前日期和时间
DBCSTATE	保存"数据库连接管理器"是否活动或不活动的状态
DBMOD	用位码指示图形的修改状态
DCTCUST	显示当前自定义拼写词典的路径和文件名
DCTMAIN	显示当前的主拼写词典的文件名。因为希望将该文件放置在 support 目录下，所以不显示完整路径
DEFLPLSTYLE	为新图层指定默认打印样式
DEFPLSTYLE	为新对象指定默认打印样式
DELOBJ	控制创建其他对象的对象将从图形数据库中删除还是保留在图形数据库中
DEMANDLOAD	当图形包含由第三方应用程序创建的自定义对象时，指定 AutoCAD 是否以及何时按需加载此应用程序
DIASTAT	存储最近一次使用的对话框的退出方式
DIMADEC	控制角度标注显示精确位的位数
DIMALT	控制标注中换算单位的显示
DIMALTD	控制换算单位中小数位的位数
DIMALTF	控制换算标注单位乘数
DIMALTRND	舍入换算标注单位
DIMALTTD	设置标注换算单位公差值小数位的位数
DIMALTTZ	控制是否对公差值作消零处理
DIMALTU	为所有标注样式族（角度标注除外）换算单位设置单位格式
DIMALTZ	控制是否对换算单位标注值作消零处理
DIMAPOST	为所有标注类型（角度标注除外）的换算标注测量值指定文字前缀或后缀（或两者都指定）
DIMASO	控制标注对象的关联性。旧式，参见 DIMASSOC
DIMASSOC	控制标注对象的关联性
DIMASZ	控制尺寸线、引线箭头的大小，并控制钩线的大小
DIMATFIT	当尺寸界线的空间不足以同时放下标注文字和箭头时，本系统变量将确定这两者的排列方式

续表

命 令	命令解释
DIMAUNIT	设置角度标注的单位格式
DIMAZIN	对角度标注作消零处理
DIMBLK	设置尺寸线或引线末端显示的箭头块
DIMBLK1	当 DIMSAH 系统变量打开时,设置尺寸线第一个端点的箭头
DIMBLK2	当 DIMSAH 系统变量打开时,设置尺寸线第二个端点的箭头
DIMCEN	控制由 DIMCENTER、DIMDIAMETER 和 DIMRADIUS 命令绘制的圆或圆弧的圆心标记和中心线图形
DIMCLRD	为尺寸线、箭头和标注引线指定颜色
DIMCLRE	为尺寸界线指定颜色
DIMCLRT	为标注文字指定颜色
DIMDEC	设置标注主单位显示的小数位位数
DIMDLE	当使用小斜线代替箭头进行标注时,设置尺寸线超出尺寸界线的距离
DIMDLI	控制基线标注中尺寸线的间距。如有必要,每条尺寸线都将按此值偏离其前一尺寸线,以避免覆盖它
DIMDSEP	指定一个单字符为创建十进制标注时使用的小数分隔符
DIMEXE	指定尺寸界线超出尺寸线的距离
DIMEXO	指定尺寸界线偏移原点的距离
DIMFIT	旧式,除用于保留脚本的完整性外没有任何影响。DIMFIT 被 DIMATFIT 系统变量和 DIMTMOVE 系统变量代替
DIMFRAC	在 DIMLUNIT 系统变量设置为 4(建筑)或 5(分数)时设置分数格式
DIMGAP	当尺寸线分成段以在两段之间放置标注文字时,设置标注文字周围的距离
DIMJUST	控制标注文字的水平位置
DIMLDRBLK	指定引线箭头的类型
DIMLFAC	设置线性标注测量值的比例因子
DIMLIM	将极限尺寸生成为默认文字
DIMLUNIT	为所有标注类型(除角度标注外)设置单位制
DIMLWD	指定尺寸线的线宽,其值是标准线宽
DIMLWE	指定尺寸界线的线宽,其值是标准线宽
DIMPOST	指定标注测量值的文字前缀或后缀(或者两者都指定)
DIMRND	将所有标注距离舍入到指定值
DIMSAH	控制尺寸线箭头块的显示
DIMSCALE	为标注变量(指定尺寸、距离或偏移量)设置全局比例因子
DIMSD1	控制是否禁止显示第一条尺寸线
DIMSD2	控制是否禁止显示第二条尺寸线
DIMSE1	控制是否禁止显示第一条尺寸界线
DIMSE2	控制是否禁止显示第二条尺寸界线

续表

命　令	命令解释
DIMSHO	旧式,除用于保留脚本的完整性外没有任何影响
DIMSOXD	控制是否允许尺寸线绘制到尺寸界线之外
DIMSTYLE	DIMSTYLE 既是命令又是系统变量
DIMTAD	控制文字相对尺寸线的垂直位置
DIMTDEC	为标注主单位的公差值设置显示的小数位位数
DIMTFAC	按照 DIMTXT 系统变量的设置,相对于标注文字高度给分数值和公差值的文字高度指定比例因子
DIMTIH	控制所有标注类型(坐标标注除外)的标注文字在尺寸界线内的位置
DIMTIX	在尺寸界线之间绘制文字
DIMTM	在 DIMTOL 系统变量或 DIMLIM 系统变量为开的情况下,为标注文字设置最小(下)偏差
DIMTMOVE	设置标注文字的移动规则
DIMTOFL	控制是否将尺寸线绘制在尺寸界线之间(即使文字放置在尺寸界线之外)
DIMTOH	控制标注文字在尺寸界线外的位置
DIMTOL	将公差附在标注文字之后。将 DIMTOL 设置为"开",将关闭 DIMLIM 系统变量
DIMTOLJ	设置公差值相对名词性标注文字的垂直对正方式
DIMTP	在 DIMTOL 或 DIMLIM 系统变量设置为开的情况下,为标注文字设置最大(上)偏差
DIMTSZ	指定线性标注、半径标注以及直径标注中替代箭头的小斜线尺寸
DIMTVP	控制尺寸线上方或下方标注文字的垂直位置
DIMTXSTY	指定标注的文字样式
DIMTXT	指定标注文字的高度,除非当前文字样式具有固定的高度
DIMTZIN	控制是否对公差值作消零处理
DIMUNIT	旧式,除用于保留脚本的完整性外没有任何影响。DIMUNIT 被 DIMLUNIT 和 DIMFRAC 系统变量代替。DIMUPT 控制用户定位文字的选项
DIMZIN	控制是否对主单位值作消零处理。可在命令行中输入或在"标注注释"对话框的"主单位"区域中进行设置,此时,DIMZIN 将存储此值。DIMZIN 值为 0～3 时只影响英尺～英寸的标注
DISPSILH	控制"线框"模式下实体对象轮廓曲线的显示。并控制在实体对象被消隐时是否绘制网格
DISTANCE	存储 DIST 命令计算的距离
DONUTID	设置圆环的默认内直径
DONUTOD	设置圆环的默认外直径。此值不能为零。如果 DONUTID 系统变量的值大于 DONUTOD,则运行下一个命令将互换两者的值
DRAGMODE	控制拖动对象的显示。如果在"拖放"模式为开的情况下将对象拖动到另一位置,AutoCAD 将显示该对象的图像。对于配置较低的计算机,拖动可能会很费时。使用 DRAGMODE 可禁止拖动
DRAGP1	重生成拖动模式下的输入采样率
DRAGP2	设置快速拖动模式下的输入采样率

续表

命　令	命令解释
DWGCHECK	确定图形最后是否经非 AutoCAD 或 AutoCADLT 程序编辑
DWGCODEPAGE	存储与 SYSCODEPAGE 系统变量相同的值（出于兼容性的原因）
DWGNAME	存储用户输入的图形名。如果图形还未命名，则 DWGNAME 默认为"Drawing.dwg"。如果用户指定了驱动器/目录前缀，该前缀将被存储在 DWGPREFIX 系统变量中
DWGPREFIX	存储图形文件的驱动器/目录前缀
DWGTITLED	指出当前图形是否已命名
EDGEMODE	控制 TRIM 和 EXTEND 命令确定边界的边和剪切边的方式
ELEVATION	存储当前空间当前视口中相对当前 UCS 的当前标高值
ERRNO	当 AutoCAD 探测出一个 AutoLISP 函数访问导致的错误时，显示其适当的错误编号
EXPERT	控制是否显示某些特定提示
EXPLMODE	控制 EXPLODE 命令是否支持比例不一致（NUS）的块
EXTMAX	存储图形范围右上角点的值。如果有新的对象绘制到界限之外，则仅当使用 ZOOM 时，对象才会收缩至新范围内。本系统变量的值表示为当前空间中的世界坐标值
EXTMIN	存储图形范围左下角点的值。如果有新的对象绘制到界限之外，则仅当使用 ZOOM 时，对象才会收缩至新范围内。本系统变量的值表示为当前空间中的世界坐标值
EXTNAMES	为存储于定义表中的命名对象名称（例如线型和图层）设置参数
FACETRATIO	控制圆柱或圆锥 Shape Manager 实体镶嵌面的宽高比。设置为 1 将增加网格密度以改善渲染模型和着色模型的质量
FACETRES	调整着色对象和渲染对象的平滑度，对象的隐藏线被删除。有效值为 0.01~10.0
FILEDIA	抑制文件定位对话框和"创建新图形"对话框的显示
FILLETRAD	存储当前的圆角半径
FILLMODE	指定图案填充（包括实体填充）、二维实体和宽多段线是否被填充
FONTALT	在找不到指定的字体文件时指定替换字体。如果没有指定替换字体，则 AutoCAD 显示"替换字体"的对话框
FONTMAP	指定要用到的字体映射文件。字体映射文件的每一行包含一个字体映射，图形中使用的原始字体和替换字体通过分号（;）隔开
FRONTZ	按图形单位存储当前视口中前向剪裁平面到目标平面的偏移量。仅当 VIEWMODE 系统变量的"前向剪裁平面"位码值为开，且"前向剪裁不在视点"位码值也为开时，本系统变量才有意义。前向剪裁平面到相机点的距离等于相机到目标的距离减去 FRONTZ 的值
FULLOPEN	指示当前图形是否被局部打开
GFANG	指定渐变填充的角度。有效值为 0~360°
GFCLR1	为单色渐变填充或双色渐变填充的第一种颜色指定颜色。有效值为"RGB 000，000，000"到"RGB 255，255，255"
GFCLR2	为双色渐变填充的第二种颜色指定颜色。有效值为"RGB 000，000，000"到"RGB 255，255，255"
GFCLRLUM	在单色渐变填充中使颜色变淡（与白色混合）或变深（与黑色混合）。有效值为 0.0（最暗）到 1.0（最亮）

续表

命　令	命令解释
GFCLRSTATE	指定是否在渐变填充中使用单色或者双色
GFNAME	指定一个渐变填充图案。有效值为1~9
GFSHIFT	指定在渐变填充中的图案是否是居中或是向左变换移位
GRIDMODE	指定打开或关闭栅格
GRIDUNIT	指定当前视口的栅格间距(X和Y方向)
GRIPBLOCK	控制块中夹点的指定
GRIPCOLOR	控制未选定夹点(绘制为方框轮廓)的颜色。有效的取值范围为1~255
GRIPHOT	控制选定夹点(绘制为实心方框)的颜色。有效的取值范围为1~255
GRIPHOVER	控制当光标停在夹点上时其夹点的填充颜色。有效取值范围为1~255
GRIPOBJLIMIT	抑制当初始选择集包含的对象超过特定的数值时夹点的显示。有效取值范围为1~32 767。该值设置为1时,选定对象上将始终显示夹点
GRIPS	控制"拉伸""移动""旋转""缩放"和"镜像夹点"模式中选择集夹点的使用
GRIPSIZE	以像素为单位设置夹点方框的大小。有效的取值范围为1~255
GRIPTIPS	控制当光标在支持夹点提示的自定义对象上面悬停时,其夹点提示的显示
HALOGAP	指定当一个对象被另一个对象遮挡时,显示一个间隙
HANDLES	报告应用程序是否可以访问对象句柄。不可再关闭句柄
HIDEPRECISION	控制消隐和着色的精度。消隐可以按单精度或双精度计算。将HIDEPRECISION设置为1,将使用双精度以产生精度更高的消隐,但是需要占用更多的内存并可能影响性能,特别是对于实体消隐
HIDETEXT	指定在执行HIDE命令的过程中是否处理由TEXT、DTEXT或MTEXT命令创建的文字对象
HIGHLIGHT	控制对象的亮显。它并不影响使用夹点选定的对象
HPANG	指定填充图案的角度
HPASSOC	控制图案填充和渐变填充是否关联
HPBOUND	控制BHATCH和BOUNDARY命令创建的对象类型
HPDOUBLE	指定用户定义图案的双向填充图案。双向将指定与原始直线成90°角绘制的第二组直线
HPNAME	设置默认填充图案,其名称最多可包含34个字符,其中不能有空格。如果没有设置默认值,将返回""。输入句点(.),将HPNAME重置为默认值
HPSCALE	指定填充图案的比例因子,其值不能为零
HPSPACE	为用户定义的简单图案指定填充图案的线间隔,其值不为零
HYPERLINKBASE	指定图形中用于所有相对超级链接的路径。如果未指定值,图形路径将用于所有相对超级链接
IMAGEHLT	控制亮显整个光栅图像还是光栅图像边框
INDEXCTL	控制是否创建图层和空间索引并保存到图形文件中
INETLOCATION	存储BROWSER命令和"浏览Web"对话框使用的Internet网址
INSBASE	存储BASE命令设置的插入基点,以当前空间的UCS坐标表示

续表

命令	命令解释
INSNAME	为 INSERT 命令设置默认块名。此名称必须符合符号命名惯例。如果没有设置默认值，将返回""。输入句点(.)，将不设置默认名称
INSUNITS	为从设计中心™拖动并插入到图形中的块或图像的自动缩放指定图形单位值
INSUNITSDEFSOURCE	设置源内容的单位值。有效值是 0～20
INSUNITSDEFTARGET	设置目标图形的单位值。有效值是 0～20
INTERSECTIONCOLOR	指定相交多段线的颜色。值 0 指定图元颜色 BYBLOCK，值 256 指定图元颜色 BYLAYER，值 257 指定图元颜色 BYENTITY。1～255 的值可指定 AutoCAD 颜色索引（ACI）
INTERSECTIONDISPLAY	指定相交多段线的显示
ISAVEBAK	提高增量保存速度，特别是对大的图形。ISAVEBAK 控制备份文件（BAK）的创建。在 Windows 环境下，复制文件数据以创建大型图形的 BAK 文件将花费增量保存的大部分时间
ISAVEPERCENT	确定图形文件中所能允许的耗损空间的总量。ISAVEPERCENT 的值是一个 0～100 的整数，默认值为 50，表示文件中的耗损空间不能超过文件大小的 50％。耗损的空间可以通过定期的完全保存来消除。当超出了 50％时，下一次将进行完全保存，从而把耗损的空间重置为 0。如果 ISAVEPERCENT 设置为 0，则每一次都进行完全保存
ISOLINES	指定对象上每个曲面的素线的数目。有效整数值为 0～2 047
LASTANGLE	存储相对当前空间，当前 UCS 的 XY 平面输入的上一圆弧端点角度
LASTPOINT	存储上一次输入的点，用当前空间的 UCS 坐标值表示；如果通过键盘输入，则应添加(@)符号
LASTPROMPT	存储回显在命令行的上一个字符串。这个字符串与命令行中看到的上一条命令相同，并且包含任何用户输入的内容
LAYOUTREGENCTL	指定模型选项卡和布局选项卡中的显示列表如何更新。对于每个选项卡，显示列表的更新可以通过切换到该选项卡时重生成图形，也可以通过切换到该选项卡时将显示列表保存到内存并只重生成修改的对象。修改 LAYOUTREGENCTL 设置可以提高性能
LENSLENGTH	存储当前视口透视图中的镜头焦距长度（单位为毫米）
LIMCHECK	控制在图形界限之外是否可以创建对象
LIMMAX	存储当前空间的右上方图形界限，用世界坐标系坐标表示。如果激活了图纸空间而且显示了图纸背景或图纸页边距，则 LIMMAX 是只读的
LIMMIN	存储当前空间的左下方图形界限，用世界坐标系坐标表示。如果激活了图纸空间而且显示了图纸背景和图纸页边距，则 LIMMIN 是只读的
LISPINIT	启用单文档界面的情况下，指定打开新图形时是否保留 Auto LISP 定义的函数和变量，或者这些函数和变量是否只在当前绘图任务中有效
LOCALE	显示用户运行的当前 AutoCAD 版本的国际标准化组织(ISO)语言代码
LOCALROOTPREFIX	保存完整路径至安装本地可自定义文件的根文件夹。这些文件保存在 Local Settings 文件夹下的产品文件夹中
LOGFILEMODE	指定是否将文本窗口的内容写入日志文件

续表

命 令	命令解释
LOGFILENAME	为当前图形指定日志文件的路径和名称。初始值根据当前图形的名称和安装 Auto CAD 的位置而不同
LOGFILEPATH	为同一任务中的所有图形指定日志文件的路径。也可以通过使用 OPTIONS 命令指定路径。初始值根据安装 AutoCAD 的位置而不同
LOGINNAME	显示加载 AutoCAD 时配置或输入的用户名。登录名最多可以包含 30 个字符
LTSCALE	设置全局线型比例因子。线型比例因子不能为零
LUNITS	设置线性单位
LUPREC	设置所有只读线性单位和可编辑线性单位(其精度小于或等于当前 LUPREC 的值)的小数位位数。如果可编辑线性单位的精度大于当前 LUPREC 的值,则显示其真实精度。LUPREC 并不影响标注文字的显示精度(可参见 DIMSTYLE)
LWDEFAULT	设置默认线宽的值
LWDISPLAY	控制是否在"模型"选项卡或"布局"选项卡上显示线宽。设置随每个选项卡保存在图形中
LWUNITS	控制线宽单位以英寸还是毫米显示
MAXACTVP	设置布局中一次最多可以激活多少视口。MAXACTVP 不影响打印视口的数目
MAXSORT	设置列表命令可以排序的符号名或块名的最大数目。如果项目总数超过了本系统变量的值,将不进行排序
MBUTTONPAN	控制定点设备第三按钮或滑轮的动作响应
MEASUREINIT	设置初始图形单位(英制或公制)。另外,MEASUREINIT 控制打开现有图形时要用到哪一个填充图案和线型文件,并控制使用哪一个模板
MEASUREMENT	仅设置当前图形的图形单位(英制或公制)。另外,MEASUREMENT 控制打开现有图形时要用到哪个填充图案和线型文件
MENUCTL	控制屏幕菜单中的页切换
MENUECHO	设置菜单回显和提示控制位
MENUNAME	存储菜单文件名,包括文件名路径
MIRRTEXT	控制 MIRROR 命令影响文字的方式
MODEMACRO	在状态行显示字符串,诸如当前图形文件名、时间/日期戳记或指定的模式
MTEXTED	设置应用程序的名称用于编辑多行文字对象
MTEXTFIXED	控制多行文字编辑器的外观
MTJIGSTRING	设置当 MTEXT 命令使用后,在光标位置处显示样例文字的内容。按当前文字大小和字体显示文字字符串。可以输入最长为 10 个字母或数字的字符串,或输入句点(.)不显示样例文字
MYDOCUMENTSPREFIX	保存完整路径至当前登录用户的"我的文档"文件夹。这些文件保存在 Local Settings 文件夹下的产品文件夹中
NOMUTT	禁止消息显示,即不进行信息反馈(如果这些消息在通常情况下并不被禁止)。AutoCAD 的普通模式将显示消息,但消息将在脚本、AutoLISP 例程等运行期间禁止显示

续表

命 令	命令解释
OBSCUREDCOLOR	指定遮掩行的颜色。0 和 256 两个值可指定图元颜色。1～255 的值可指定 AutoCAD 颜色索引（ACI）
OBSCUREDLTYPE	指定遮掩行的线型。和常规的 AutoCAD 线型不同，遮掩线型不受缩放级别影响。默认值，即 0 值，将关闭遮掩行显示
OFFSETDIST	设置默认的偏移距离
OFFSETGAPTYPE	控制如何偏移多段线以弥补偏移多段线的单个线段所留下的间隙
OLEHIDE	控制 AutoCAD 中 OLE 对象的显示
OLEQUALITY	控制嵌入 OLE 对象的默认质量级别
OLESTARTUP	控制打印嵌入 OLE 对象时是否加载其源应用程序。加载 OLE 源应用程序可以提高打印质量
ORTHOMODE	限制光标在正交方向移动。如果打开"正交"模式，光标只能相对 UCS 和当前栅格的旋转角度水平或垂直移动
OSMODE	使用位码设置"对象捕捉"的运行模式
OSNAPCOORD	控制是否从命令行输入坐标替代对象捕捉
PALETTEOPAQUE	控制窗口是否可以是透明的。当透明不可用或被关闭时，所有选项板都不透明。透明在下列情况下不可用：选项板或窗口被固定；当前操作系统不支持透明；硬件加速器正在使用中
PAPERUPDATE	控制警告对话框的显示（如果试图以不同于打印配置文件默认指定的图纸大小打印布局）
PDMODE	控制如何显示点对象。关于输入值的详细信息，可参见 POINT 命令
PDSIZE	设置显示的点对象大小
PEDITACCEPT	抑制在使用 PEDIT 时，显示"选取的对象不是多段线"的提示
PELLIPSE	控制由 ELLIPSE 命令创建的椭圆类型
PERIMETER	存储 AREA、DBLIST 或 LIST 命令计算的最后一个周长值
PFACEVMAX	设置每个面顶点的最大数目
PICKADD	控制后续选定对象是替换还是添加到当前选择集
PICKAUTO	控制"选择对象"提示下是否自动显示选择窗口
PICKBOX	以像素为单位设置对象选择目标的高度
PICKDRAG	控制绘制选择窗口的方式
PICKFIRST	控制在发出命令之前（先选择后执行）还是之后选择对象
PICKSTYLE	控制编组选择和关联填充选择的使用
PLATFORM	指示 AutoCAD 工作的操作系统平台
PLINEGEN	设置如何围绕二维多段线的顶点生成线型图案，这并不适用于具有锥状线段的多段线
PLINETYPE	指定 AutoCAD 是否使用优化的二维多段线。PLINETYPE 控制如何使用 PLINE 命令创建新多段线以及是否转换早期版本图形中的现有多段线
PLINEWID	存储多段线的默认宽度

续表

命 令	命 令 解 释
PLOTID	旧式，对 AutoCAD 2000 和后续版本已经失效，但为了保持 AutoCAD2000 以前版本的脚本和 LISP 例程的完整性，仍然保留了它
PLOTROTMODE	控制打印方向
PLOTTER	旧式，对 AutoCAD 2000 和后续版本已经失效，但为了保持 AutoCAD 2000 以前版本的脚本和 LISP 例程的完整性，仍然保留了它
PLQUIET	控制显示可选对话框以及脚本和批处理打印的非致命错误
POLARADDANG	包含用户定义的极轴角。最多可以添加 10 个角。每个角度最多可以包含 25 个字符并用分号(;)隔开。AutoCAD 将按 AUNITS 系统变量设置的格式显示这些角度
POLARANG	设置极轴角增量
POLARDIST	当 SNAPSTYL 系统变量设置为 1(极轴捕捉)时，设置捕捉增量
POLARMODE	控制极轴和对象捕捉追踪设置。此值是四个位码值之和
POLYSIDES	为 POLYGON 命令设置默认边数。取值范围为 3~1 024
POPUPS	显示当前配置的显示驱动程序状态
PRODUCT	返回产品名称
PROGRAM	返回程序名称
PROJECTNAME	为当前图形指定工程名称
PROJMODE	设置修剪和延伸的当前"投影"模式
PROXYGRAPHICS	指定是否将代理对象的图像保存在图形中
PROXYNOTICE	在创建代理时显示通知。在打开包含自定义对象的图形时，如果创建此自定义对象的应用程序不存在，则创建代理。当发出的命令卸载创建自定义对象的上级应用程序时，也将创建代理
PROXYSHOW	控制图形中代理对象的显示
PROXYWEBSEARCH	指定 AutoCAD 是否检查 Object Enabler。即使创建自定义对象的 Object ARX 应用程序不可用，Object Enabler 也使用户能够在图形中显示并使用自定义对象。PROXYWEB-SEARCH 也由"选项"对话框中"系统"选项卡的"Live Enabler"选项控制
PSLTSCALE	控制图纸空间的线型比例
PSTYLEMODE	指示当前图形处于"颜色相关打印样式"还是"命名打印样式"模式
PSTYLEPOLICY	控制对象的颜色特性是否与其打印样式相关联。用户指定的新值只影响新创建的图形和 AutoCAD 2000 早期版本的图形
PSVPSCALE	为所有新创建的视口设置视图比例因子
PUCSBASE	存储定义正交 UCS 设置(仅用于图纸空间)的原点和方向的 UCS 名称
QTEXTMODE	控制文字如何显示
RASTERPREVIEW	控制 BMP 预览图像是否随图形一起保存
REFEDITNAME	指示图形是否处于参照编辑状态；还存储参照文件名
REGENMODE	控制图形的自动重生成
RE-INIT	使用以下位码重新初始化数字化仪、数字化仪端口和 acad.pgp 文件

续表

命 令	命令解释
REMEMBERFOLDERS	控制标准的文件选择对话框中的"查找"或"保存"选项的默认路径
RTDISPLAY	控制实时缩放 ZOOM 或 PAN 时光栅图像的显示
SAVEFILE	存储当前用于自动保存的文件名
SAVEFILEPATH	指定 AutoCAD 任务的所有自动保存文件目录的路径。用户可在"选项"对话框的"文件"选项卡中修改路径
SAVENAME	在保存当前图形之后存储图形的文件名和目录路径
SAVETIME	以分钟为单位设置自动保存的时间间隔
SCREENBOXES	存储绘图区域的屏幕菜单区显示的框数。如果屏幕菜单关闭,则说明 SCREENBOXES 设置为零。如果所处的操作系统平台允许在编辑任务期间调整绘图区域大小或重新配置屏幕菜单,则本系统变量的值可以在编辑任务期间改变
SCREENMODE	存储指示 AutoCAD 显示模式的图形/文本状态的位码值
SCREENSIZE	以像素为单位存储当前视口的大小(X 和 Y 值)
SDI	控制 AutoCAD 运行于单文档还是多文档界面,帮助第三方程序开发人员更新应用程序以便与 AutoCAD 多图形模式顺利兼容
SHADEDGE	控制着色时边缘的着色
SHADEDIF	以漫反射光的百分比表示,设置漫反射光与环境光的比率(如果 SHADEDGE 设置为 0 或 1)
SHORTCUTMENU	控制"默认""编辑"和"命令"模式的快捷菜单在绘图区域是否可用
SHPNAME	设置默认的形名称(必须遵循符号命名惯例)。如果没有设置默认名称,则返回""。输入句点(.),将不设置默认名称
SIGWARN	控制打开带有数字签名的文件时是否发出警告。如果在该系统变量为"开"时打开一个带有有效数字签名的文件,则显示数字签名状态。如果在该系统变量为"关"时打开一个文件,则仅在数字签名无效时才显示数字签名状态。可以使用"选项"对话框"打开和保存"选项卡上的"显示数字签名信息"选项设置该系统变量
SKETCHINC	设置 SKETCH 命令使用的记录增量
SKPOLY	确定 SKETCH 命令生成直线还是多段线
SNAPANG	为当前视口设置捕捉和栅格的旋转角。旋转角相对当前 UCS 指定
SNAPBASE	相对于当前 UCS 为当前视口设置捕捉和栅格的原点
SNAPISOPAIR	控制当前视口的等轴测平面
SNAPMODE	打开或关闭"捕捉"模式
SNAPSTYL	设置当前视口的捕捉样式
SNAPTYPE	设置当前视口的捕捉类型
SNAPUNIT	设置当前视口的捕捉间距
SOLIDCHECK	打开或关闭当前 AutoCAD 任务中的实体校验
SORTENTS	控制 OPTIONS 命令的对象排序操作(从"用户系统配置"选项卡中执行)

续表

命令	命令解释
SPLFRAME	控制样条曲线和样条拟合多段线的显示
SPLINESEGS	设置每条样条拟合多段线(此多段线通过 PEDIT 命令的"样条曲线"选项生成)的线段数目
SPLINETYPE	设置 PEDIT 命令的"样条曲线"选项生成的曲线类型
STANDARDSVIOLATION	指定当创建或修改非标准对象时,是否通知用户当前图形中存在标准违规
STARTUP	控制当使用 NEW 和 QNEW 命令创建新图形时是否显示"创建新图形"对话框。还控制当应用程序启动时是否显示"启动"对话框。如果 FILEDIA 系统变量设置为 0,将不显示任何对话框
SURFTAB1	为 RULESURF 和 TABSURF 命令设置生成的列表数目
SURFTAB2	为 REVSURF 和 EDGESURF 命令设置在 N 方向上的网格密度
SURFTYPE	控制 PEDIT 命令的"平滑"选项生成的拟合曲面类型
SURFU	为 PEDIT 命令的"平滑"选项设置在 M 方向的表面密度
SURFV	为 PEDIT 命令的"平滑"选项设置在 N 方向的表面密度
SYSCODEPAGE	指示由操作系统确定的系统代码页
TABMODE	控制数字化仪的使用
TARGET	存储当前视口中目标点的位置(以 UCS 坐标表示)
TDCREATE	存储创建图形的当地时间和日期
TDINDWG	存储所有的编辑时间,即保存编辑当前图形占用的总时间
TDUCREATE	存储创建图形的通用时间和日期
TDUPDATE	存储最后一次更新/保存图形的当地时间和日期
TDUSRTIMER	存储用户消耗的时间计时器
TDUUPDATE	存储最后一次更新/保存图形的通用时间和日期
TEMPPREFIX	包含用于放置临时文件的目录名(如果有的话),带路径分隔符
TEXTEVAL	控制处理使用 TEXT 或 -TEXT 命令输入的字符串的方法
TEXTFILL	控制打印和渲染时 TrueType 字体的填充方式
TEXTQLTY	设置打印和渲染时 TrueType 字体文字轮廓的镶嵌精度
TEXTSIZE	设置以当前文本样式绘制的新文字对象的默认高度(当前文本样式具有固定高度时此设置无效)
TEXTSTYLE	设置当前文本样式的名称
THICKNESS	设置当前的三维厚度
TILEMODE	将模型选项卡或最后一个布局选项卡置为当前
TOOLTIPS	控制工具栏提示的显示
TPSTATE	确定"工具选项板"窗口是否激活
TRACEWID	设置宽线的默认宽度
TRACKPATH	控制显示极轴和对象捕捉追踪的对齐路径
TRAYICONS	控制是否在状态栏上显示系统托盘

续表

命 令	命令解释
TRAYNOTIFY	控制是否在状态栏系统托盘上显示服务通知
TRAYTIMEOUT	控制服务通知显示的时间长短（用秒）
TREEDEPTH	指定最大深度，即树状结构的空间索引可以分出分支的最大数目
TREEMAX	通过限制空间索引（八叉树）中的节点数目，从而限制重生成图形时占用的内存
TRIMMODE	控制 AutoCAD 是否修剪倒角和圆角的选定边
TSPACEFAC	控制多行文字的行间距（按文字高度的比例因子测量）
TSPACETYPE	控制多行文字中使用的行间距类型。"至少"选项将基于行中最高字符调整行间距。"精确"选项将使用指定的行间距，不考虑单个字符大小
TSTACKALIGN	控制堆叠文字的垂直对齐方式
TSTACKSIZE	控制堆叠文字的高度相对于选定文字的当前高度的百分比
UCSAXISANG	存储使用 UCS 命令的 X、Y 或 Z 选项绕轴旋转 UCS 时的默认角度值
UCSBASE	存储定义正交 UCS 设置的原点和方向的 UCS 名称
UCSFOLLOW	用于从一个 UCS 转换到另一个 UCS 时生成平面视图
UCSICON	使用位码显示当前视口的 UCS 图标
UCSNAME	存储当前空间当前视口的当前坐标系名称
UCSORG	存储当前空间当前视口的当前坐标系原点
UCSORTHO	确定恢复正交视图时是否同时自动恢复相关的正交 UCS 设置
UCSVIEW	确定当前 UCS 是否随命名视图一起保存
UCSVP	确定视口的 UCS 保持不变还是做相应改变以反映当前视口的 UCS 状态
UCSXDIR	存储当前空间当前视口中当前 UCS 的 X 方向
UCSYDIR	存储当前空间当前视口中当前 UCS 的 Y 方向
UNDOCTL	存储指示 UNDO 命令"自动"和"控制"选项状态的位码值
UNDOMARKS	存储"标记"选项放置在 UNDO 控制流中的标记数目
UNITMODE	控制单位的显示格式
USERI1—5	USERI1、USERI2、USERI3、USERI4 和 USERI5 用于整型值的存储和提取
USERR1—5	USERR1、USERR2、USERR3、USERR4 和 USERR5 用于实数值的存储和提取
USERS1—5	USERS1、USERS2、USERS3、USERS4 和 USERS5 用于字符串数据的存储和提取
VIEWCTR	存储当前视口中视图的中心点
VIEWDIR	存储当前视口的观察方向
VIEWMODE	使用位码值存储控制当前视口的"查看"模式
VIEWSIZE	按图形单位存储当前视口的高度
VIEWTWIST	存储当前视口的视图扭转角
VISRETAIN	控制外部参照依赖图层的可见性、颜色、线型、线宽和打印样式（如果 PSTYLEPOLICY 系统变量设置为 0）；并且指定是否保存对嵌套外部参照路径的修改
VSMAX	存储当前视口虚屏的右上角
VSMIN	存储当前视口虚屏的左下角

续表

命　令	命令解释
WHIPARC	控制圆和圆弧是否平滑显示
WHIPTHREAD	控制是否可以使用其他处理器（多线程处理）来提高操作速度（例如重画或重新生成图形的 ZOOM 和 PAN）
WMFBKGND	控制 AutoCAD 对象在其他应用程序中的背景显示是否透明
WMFFOREGND	控制 AutoCAD 对象在其他应用程序中的前景色指定
WORLDUCS	指示 UCS 是否与 WCS 相同
WORLDVIEW	确定响应 3DORBIT、DVIEW 和 VPOINT 命令的输入是相对于 WCS（默认），还是相对于当前 UCS
WRITESTAT	指示图形文件是只读的还是可写的
XCLIPFRAME	控制外部参照剪裁边界的可见性
XEDIT	控制当前图形被其他图形参照时是否可以在位编辑
XFADECTL	控制正被在位编辑的参照的褪色度百分比
XLOADCTL	打开和关闭外部参照文件的按需加载功能，控制打开原始图形还是打开副本
XLOADPATH	创建一个路径用于存储按需加载的外部参照文件临时副本
XREFCTL	控制 AutoCAD 是否写入外部参照记录（XLG）文件
XREFNOTIFY	控制更新或缺少外部参照时的通知
ZOOMFACTOR	接受一个整数，有效值为 0～100。数字越大，鼠标滑轮每次前后移动引起改变的增量就越多

参考文献

[1] 薛山. AutoCAD 2020 实用教程[M]. 北京:清华大学出版社,2021.

[2] 黄永生. 中文版 AutoCAD 2021 基础教程(微课版)[M]. 北京:清华大学出版社,2022.

[3] CAD/CAM/CAE 技术联盟. AutoCAD 2024 中文版从入门到精通(标准版)[M]. 北京:清华大学出版社,2024.

[4] 刘哲. AutoCAD 实例教程[M]. 3 版. 大连:大连理工大学出版社,2019.

[5] 王技德,王艳. AutoCAD 机械制图教程[M]. 4 版. 大连:大连理工大学出版社,2021.

[6] 马宏亮,孙燕华. AutoCAD 机械制图[M]. 3 版. 北京:机械工业出版社,2019.

[7] 王军红,史卫华. 机械制图与 CAD[M]. 北京:机械工业出版社,2019.

[8] 林悦香,潘志国,刘艳芬. 工程制图与 CAD[M]. 北京:北京航空航天大学出版社,2016.

[9] 林悦香,潘志国,刘艳芬,等. 工程制图与 CAD[M]. 2 版. 北京:北京航空航天大学出版社,2020.

[10] 张佑林,卓丽云,刘江平. 工程制图及 CAD[M]. 北京:北京航空航天大学出版社,2021.

[11] 南景富. AutoCAD 2004 应用教程[M]. 哈尔滨:哈尔滨工业大学出版社,2005.

[12] 赵敏海. AutoCAD 2010 应用教程[M]. 哈尔滨:哈尔滨工业大学出版社,2009.